L'ANALYSE INFINITÉSIMALE

ÉTUDE

SUR LA

MÉTAPHYSIQUE DU HAUT CALCUL

AVEC FIGURES INTERCALÉES DANS LE TEXTE

PAR

M. CHARLES DE FREYCINET

Ingénieur au Corps impérial des Mines.

> Je cherche à savoir en quoi consiste le
> véritable esprit du Calcul infinitésimal.....
>
> (CARNOT, *Réflexions sur la métaphysique
> du Calcul infinitésimal.*)

PARIS

MALLET-BACHELIER, IMPRIMEUR-LIBRAIRE

Du Bureau des longitudes, de l'École Polytechnique.

Quai des Augustins, 55

1860

DE

L'ANALYSE INFINITÉSIMALE

TABLE DES MATIÈRES

SECONDE PARTIE. — CALCUL INFINITÉSIMAL.

TROISIÈME PARTIE — MÉTHODE INFINITÉSIMALE.

FIN DE LA TABLE DES MATIÈRES.

·PRÉFACE.

J'ai remarqué qu'une première étude de l'Analyse infinitésimale laissait dans l'esprit beaucoup d'incertitude et d'obscurité. On ne pénètre pas immédiatement la métaphysique de cette science, et l'on ne se rend pas compte de ce qui assure la rigueur des résultats à travers l'apparente inexactitude des procédés.

Voici, si je ne me trompe, les réflexions que doivent faire les personnes peu habituées à l'emploi de l'Analyse :

Tandis que dans la Géométrie et l'Algèbre ordinaires on raisonne sur des quantités toujours finies et déterminées, dans l'Analyse infinitésimale, au contraire, on abandonne les éléments véritables pour considérer des quantités auxiliaires, d'une petitesse indéfinie, et dont les dimensions ne sont jamais arrêtées, ce qui est bien propre à laisser une impression vague et incertaine. Non-seulement ces *infiniment petits* demeurent indécis, mais les relations établies à leur sujet ne semblent pas parfaitement rigoureuses, car on opère à tout instant comme s'ils pouvaient être remplacés par d'autres qui en diffèrent réellement. Enfin ils disparaissent toujours des formules où l'on avait débuté par les introduire, en sorte qu'on est en droit de se demander si l'on néglige ce qui a de la valeur, ou si l'on s'était servi de ce qui n'en avait pas. Aussi, tout en acceptant des résultats d'une incontestable exactitude, on ne se sent pas satisfait de la voie suivie pour les obtenir. C'est assurément un grave défaut logique : il ne suffit pas d'atteindre le but, il faut encore savoir de quelle manière on y arrive.

J'ai cherché à me rendre compte des causes de cette impression : il m'a paru qu'elle tenait en grande partie à ce qu'on ne distingue pas habituellement le *Calcul* infinitésimal de la *Méthode*. Les esprits peu exercés confondent ces deux branches de l'Analyse, rapportent au Calcul les difficultés inhérentes à la Méthode, et ne les résolvent pas complétement, faute de les aborder sur leur véritable terrain.

Rien de plus rigoureux, de plus purement algébrique, si j'ose ainsi dire, que le Calcul pris en lui-même, abstraction faite de ses applications, mécaniques ou géométriques. Son objet consiste à calculer des *limites de rapports* et des *limites de sommes*, c'est-à-dire à trouver les valeurs fixes vers lesquelles convergent des rapports ou des sommes de quantités variables, à mesure que celles-ci décroissent indéfiniment suivant une loi donnée. Les résultats qu'on poursuit sont évidemment étrangers aux grandeurs attribuées aux variables, et ne dépendent que de la loi de leur décroissement. Cette remarque est essentielle, parce qu'elle établit que le Calcul infinitésimal, comme le Calcul ordinaire, n'a réellement en vue que des quantités fixes et déterminées. La recherche des fonctions *dérivées* et des *intégrales* est donc une suite naturelle de l'Algèbre, et ne saurait, par elle-même, donner prise à aucune objection métaphysique.

La Méthode infinitésimale est l'art d'appliquer le Calcul à la solution des problèmes de tous genres où l'évaluation des quantités inconnues ne peut pas être effectuée d'une manière *directe*. La marche uniformément suivie consiste à démontrer que ces quantités peuvent être considérées comme des limites de rapports ou de sommes d'infiniment petits, d'une nature plus simple, et à donner à ces rapports ou à ces sommes des formes algébriques telles que le calcul de leurs

limites puisse avoir lieu à l'aide des procédés habituels
de la différentiation et de l'intégration. Tout le succès
est dû à cette circonstance capitale, que la limite d'un
rapport ou d'une somme n'est pas changée, quand
on vient à en altérer les termes de quantités infiniment petites par rapport à eux-mêmes ; d'où résulte
le droit, dans les relations où l'on compte passer aux
limites, de remplacer certains infiniment petits par
d'autres qui en diffèrent réellement, et, en particulier,
de remplacer les *accroissements* des quantités par leurs
différentielles, dont l'expression est toujours plus simple. Il est également permis de supprimer, dans une
équation, tous les infiniment petits d'ordres supérieurs à ceux dont on se propose de calculer les limites.

L'enchaînement des opérations est dès lors parfaitement naturel. Après avoir constaté que la quantité
inconnue est une limite de rapport ou de somme
d'infiniment petits, on s'occupe d'établir la loi de décroissement de ces derniers, c'est-à-dire de les exprimer en fonction d'un seul d'entre eux, qu'on soit
maître de faire varier à volonté, et qui, pour ce motif,
est en général l'accroissement de la variable *indépendante*. Mais au lieu d'opérer sur ces infiniment petits
eux-mêmes, on les remplace, au besoin, par d'autres
entre lesquels les relations soient plus faciles à dé-
couvrir; et l'on simplifie à chaque instant les formu-

les en négligeant les quantités qui, par l'ordre de leur petitesse, seraient sans influence sur la valeur de la limite. On arrive ainsi à une équation toute préparée pour l'œuvre du Calcul infinitésimal, ce qui fait rentrer la question dans le domaine propre de l'Algèbre.

Tel est le sujet que j'ai entrepris d'exposer dans cette Etude. Évidemment, les considérations que je présente ne sont pas nouvelles pour les géomètres : on en retrouverait les principes à divers endroits de leurs écrits. Mais comme elles y sont généralement associées aux calculs, il n'est pas toujours facile, pour des commençants, d'en saisir la filiation naturelle. C'est ce qui m'a fait juger utile de les réunir en un corps de doctrine séparé, où l'enchaînement devient plus sensible.

Mon travail est divisé en trois parties. La première, intitulée *Notions fondamentales*, est, comme son nom l'indique, consacrée aux définitions et aux principes généraux de l'Analyse. Je me suis attaché à y mettre le plus de clarté possible, et je n'ai pas craint de prolonger parfois les explications, parce que je sais par expérience que les difficultés viennent souvent de ce qu'on a passé trop vite sur les préliminaires.

Le *Calcul* proprement dit occupe la seconde partie. N'ayant eu nulle prétention de faire un traité didactique, mais simplement d'indiquer la destination de cette Algèbre supérieure en même temps que sa place naturelle dans l'ensemble de l'Analyse, j'ai dû me borner à l'étudier dans ses opérations essentielles et vraiment caractéristiques, à savoir la *différentiation* et *l'intégration*.

La troisième partie est consacrée à la *Méthode*. C'est là que se présente l'examen des difficultés que je signalais en commençant. Le meilleur moyen de les saisir m'a paru être d'analyser quelques-uns des exemples les plus usuels et pour ainsi dire classiques. En reprenant à ce point de vue les problèmes connus de la *mesure de l'aire* ou *de la longueur d'une courbe*, de la *détermination du rayon de courbure* ou *des composantes tangentielle et normale de la force accélératrice*, etc., je me suis attaché à faire ressortir les principes sur lesquels on s'appuye tacitement dans le cours des opérations, et qui expliquent les transformations en apparence arbitraires qu'on fait subir aux quantités. Il n'est pas difficile de voir que chaque simplification a sa raison d'être, et que tout se ramène à un petit nombre de théorèmes généraux, susceptibles d'une démonstration parfaitement rigoureuse.

Les ouvrages que j'ai consultés avec le plus de fruit sont ceux de MM. Sturm, Duhamel, Navier, Carnot, Auguste Comte, Moigno, Bélanger, Cournot, etc. Je citerai en première ligne les *Éléments de Calcul infinitésimal* de M. Duhamel. C'est plus qu'un traité, c'est aussi une étude historique des plus intéressantes sur les origines de l'Analyse transcendante. Les *Leçons sur le Calcul différentiel et intégral* de M. l'abbé Moigno [1] résument et coordonnent, avec une grande élégance, les beaux travaux de M. Cauchy. Les *Réflexions* de Carnot *sur la métaphysique du calcul infinitésimal* éclairent supérieurement plusieurs notions essentielles, entre autres celle des infiniment petits. Mais je n'ai pu suivre cet auteur dans sa conclusion générale, qui consiste à fonder l'exactitude des résultats sur le fait de la disparition des quantités infinitésimales dans les équations dernières. Un tel argument, bien que vrai au fond, n'est pas satisfaisant pour l'esprit, car il semble confondre le *signe* de l'effet avec la *cause* elle-même, et l'on peut dire qu'il *prouve, mais n'explique pas.*

Tout en accordant à la *Théorie des fonctions analytiques* et au *Calcul des fonctions* de Lagrange, le tribut d'admiration dû à ces œuvres immortelles, je n'ai pu m'empêcher d'en combattre la pensée dominante. L'entreprise de ramener l'Analyse infinitésimale à un point de vue purement algébrique et de suppléer une conception naturelle par des artifices de calcul, a définitivement échoué contre les impossibilités de l'ap-

---

[1] Cet ouvrage est maintenant épuisé. J'ai dû à l'obligeance de l'auteur la communication, pendant quelques jours, d'un dernier exemplaire, que je regrette de n'avoir pu posséder plus longtemps.

plication, sans parler de l'insuffisance et même du paralogisme de la proposition fondamentale.

J'ai dû mentionner, pour en signaler le vice, un expédient, heureusement peu répandu aujourd'hui, d'après lequel on regarde les accroissements des quantités, ainsi que les différentielles, comme de *purs zéros*, n'ayant dans les formules d'autre valeur que celle de symboles algébriques : singulière manière de constituer les éléments de ses calculs ! C'est le fruit d'une analyse trop peu relevée, où l'on se contente d'explications superficielles, faute de creuser la véritable notion des infiniment petits.

Maintenant que j'ai fait connaître la pensée de ce livre, qu'il me soit permis d'exprimer un souhait : ce serait de ramener vers les études infinitésimales quelques esprits que leurs débuts en auraient éloignés.

ANALYSE INFINITÉSIMALE.

Je m'occuperai successivement :

1° Des notions générales qui servent de base à l'Analyse ;

2° Du Calcul infinitésimal proprement dit ;

3° De la Méthode ou de l'application du Calcul aux divers problèmes.

La nature et le motif de ces divisions seront indiqués plus tard.

PREMIÈRE PARTIE.

NOTIONS FONDAMENTALES.

CHAPITRE PREMIER.

FONCTIONS, VARIABLES ET CONSTANTES ; FONCTIONS DE FONCTIONS.

1. — On dit que deux quantités sont *fonction* l'une de l'autre lorsque la valeur de l'une d'elles étant fixée, la valeur de l'autre s'ensuit, et réciproquement.

La surface d'un cercle et son rayon, l'espace parcouru par un corps tombant librement dans le vide et la durée de sa chute, sont des quantités fonction l'une de l'autre ; car la longueur du rayon détermine l'aire du cercle, et la durée de la chute en détermine la hauteur.

La dépendance réciproque s'établit au moyen d'une relation *analytique*, qu'on nomme *équation*. — C'est à dessein que nous disons *analytique :* voulant faire entendre par là que la relation supposée est exprimable avec les algorithmes de l'Analyse. Il y a une foule de relations naturelles, que nous sommes impuissants à exprimer sous une forme analytique ; ce ne sont pas là de véritables équations, et nous n'avons pas à nous en occuper ici [1].

Toute fonction implique une équation ; et, inversement, toute équation implique une fonction : ou plutôt c'est une seule et même idée sous des termes différents.

Les deux quantités, fonctions l'une de l'autre, étant liées par une seule équation, peuvent recevoir chacune une infinité de valeurs différentes ; à la condition que ces valeurs satisfassent toujours à l'équation donnée. Pour ce motif on donne aux quantités le nom de *variables*. Celle qu'on

[1] « On se forme ordinairement une idée beaucoup trop vague de ce que « c'est qu'une *équation* lorsqu'on donne ce nom à toute espèce de rela- « tion d'égalité entre des fonctions quelconques des grandeurs que l'on « considère. Car si toute équation est évidemment une relation d'égalité, « il s'en faut de beaucoup que, réciproquement, toute relation d'égalité soit « une véritable *équation*, du genre de celles auxquelles, par leur nature, « les méthodes analytiques sont applicables . . . . .

« Il y a là un vice logique qu'il importe beaucoup de rectifier.

« Pour y parvenir je distingue d'abord deux sortes de *fonctions :* les « fonctions *abstraites*, analytiques, et les fonctions *concrètes*. Les pre- « mières peuvent seules entrer dans les véritables *équations*, en sorte qu'on « pourra désormais définir, d'une manière exacte et suffisamment appro- « fondie, toute *équation* une relation d'égalité entre des fonctions « *abstraites* des grandeurs considérées.

« Les fonctions que j'appelle *abstraites* sont celles qui expriment entre « des grandeurs un mode de dépendance qu'on peut concevoir unique- « ment entre nombres, sans qu'il soit besoin d'indiquer aucun phénomène « quelconque où il se trouve réalisé. Je nomme, au contraire, fonctions « *concrètes* celles pour lesquelles le mode de dépendance exprimé ne peut « être défini ni conçu qu'en assignant un cas physique déterminé, géo- « métrique, mécanique ou de toute autre nature, dans lequel il ait effec- « tivement lieu.

« La plupart des fonctions, à leur origine, celles même qui sont au- « jourd'hui le plus purement *abstraites*, ont commencé par être *con-*

choisit pour la faire varier directement, d'une manière arbitraire, est dite variable *indépendante ;* et l'autre, qui
varie en conséquence des valeurs attribuées à la première,
est nommée variable *dépendante.* C'est à celle-ci que s'applique plus particulièrement la qualification de fonction :
lorsqu'on dit que la variable y est fonction de la variable
x, il est sous-entendu que la variable x est prise comme
indépendante relativement à y ; si c'était le contraire qui
avait lieu, on aurait soin d'en avertir expressément.

On nomme fonction *explicite* celle qui provient de la
résolution de l'équation par rapport à la variable dépendante, et fonction *implicite* celle qui est contenue dans
une équation non encore résolue [1].

La fonction implicite est de sa nature essentiellement
transitoire et doit être considérée, dans un calcul, comme

« *crêtes ;* en sorte qu'il est aisé de faire comprendre la distinction
« précédente, en se bornant à citer les divers points de vue successifs sous
« lesquels, à mesure que la science s'est formée, les géomètres ont consi-
« déré les fonctions analytiques les plus simples. J'indiquerai, par
« exemple, les puissances, devenues en général fonctions abstraites depuis
« seulement les travaux de Viète et de Descartes. Ces fonctions x^2, x^3,...
« qui, dans notre analyse actuelle, sont si bien conçues comme simple-
« ment abstraites, n'étaient, pour les géomètres de l'antiquité, que des
« fonctions entièrement concrètes, exprimant la relation de la superficie
« d'un carré ou du volume d'un cube à la longueur de leur côté. »

   (Auguste Comte, *Cours de philosophie positive*, t. Ier, p. 122.)

[1] Par exemple, dans l'équation de l'ellipse

$$a^2 y^2 + b^2 x^2 = a^2 b^2,$$

l'ordonnée y, considérée comme variable dépendante, est une fonction
implicite de l'abscisse x. Si l'on résolvait par rapport à y, la nouvelle
équation

$$y = \frac{b}{a} \sqrt{a^2 - x^2}$$

représenterait une fonction *explicite* de x.

devant être ramenée tôt ou tard à la forme explicite. C'est ce qui résulte du choix même d'une variable indépendante : pour que la valeur corrélative de la variable dépendante soit obtenue, il faut que l'équation puisse être résolue par rapport à cette dernière.

2. — Théoriquement toute équation peut être résolue ou du moins conçue comme résolue par rapport à l'une quelconque des variables qui y figurent. Rien n'empêche, par conséquent, de prendre pour variable dépendante celle à laquelle il plaît de faire jouer ce rôle, et de considérer l'autre variable comme indépendante. Mais cette faculté, illimitée en théorie, est restreinte, dans la pratique, par la convenance de laisser aux quantités leur rôle naturel ; je veux dire par là qu'on doit leur attribuer dans le calcul une situation en harmonie avec leur signification concrète. Ainsi, quand je dis que l'espace parcouru par un corps tombant librement dans le vide est une fonction de la durée de la chute, je pourrais à coup sûr, au point de vue de la pure analyse, renverser les rôles et dire que la durée de la chute est une fonction de l'espace parcouru. Mais cette manière de présenter la loi du phénomène heurterait le jugement. La nature des choses nous indique que la variable véritablement *indépendante,* — car elle varie *indépendamment* de nous, de nos expériences et de nos mesures, — c'est le temps, et que l'espace parcouru augmente en conséquence des augmentations de la durée. De même je pourrais dire que le rayon d'un cercle est fonction de sa surface, puisque la surface étant assignée, le rayon s'ensuit nécessairement. Mais ici, à la vérité, si je ne heurte pas aussi directement les données physiques, je ne

laisse pas de contrarier les notions résultant d'une habitude journalière ; car j'ai appris que la détermination du rayon, étant plus simple que celle de l'aire du cercle, la précède ordinairement, ou en est indépendante, et que réciproquement, celle-ci doit être envisagée comme dépendant de celle-là.

C'est pour le même motif que dans les équations auxquelles on attribue une signification géométrique, ou qui représentent des courbes, on prend l'abscisse pour variable indépendante, de préférence à l'ordonnée : parce que l'axe des abscisses figure une base horizontale et celui des ordonnées une base verticale. Or, nous savons par expérience qu'il est plus facile, et par conséquent plus naturel de compter d'abord horizontalement les distances, et de porter ensuite au-dessus la longueur qui doit marquer la hauteur du point. Si l'on voulait agir inversement, c'est-à-dire mesurer d'abord la hauteur, et mener ensuite, par l'extrémité de cette hauteur, une ligne horizontale, on éprouverait le plus souvent, dans l'ordre physique, de très-grandes difficultés.

Ces considérations, qui doivent toujours guider pour le choix de la variable indépendante, sont d'ailleurs, je le répète, sans aucune influence sur le calcul envisagé abstraitement. Il est loisible, pour la plus grande commodité des opérations analytiques, d'alterner les rôles, à volonté, entre les variables de la question.

3. — L'équation qui relie les variables contient d'autres quantités qui restent les mêmes, quelles que soient les valeurs attribuées aux variables. Ainsi, dans l'équation qui exprime l'aire du cercle en fonction du rayon, figure le

nombre π (3,1415926.....), qui ne varie pas avec le rayon ; dans l'équation qui exprime la hauteur parcourue en fonction de la durée de la chute, figure le nombre g (9,808....), qui ne varie pas aux divers moments du phénomène.

Il est même facile de comprendre qu'aucune équation ne saurait subsister entre deux variables, sans la présence d'une ou plusieurs quantités constantes. Car à moins de supposer une relation aussi simple que celle-ci : $y = x$, la fonction de x qui représente (explicitement ou implicitement) la valeur de y, nécessite pour sa formation le concours de certaines quantités numériques, qui affectent la variable x de diverses manières, soit comme multiplicateurs, soit comme exposants, soit comme bases de puissances, etc.

Les quantités constantes sont simplement appelées *constantes* ou *paramètres* [1]. On les désigne par les premières lettres de l'alphabet a, b, c,..... tandis que les variables sont désignées par les dernières x, y, z, ... Ces paramètres représentent toujours des nombres, connus ou inconnus, mais absolument indépendants des valeurs quelconques attribuées aux variables.

4. — Une quantité peut être fonction de plusieurs variables indépendantes. Le volume d'un cylindre, par exemple, dépend à la fois de sa hauteur et du rayon de sa base. L'espace parcouru par un mobile, sous l'influence d'une force agissant en ligne droite, dépend non-seulement du temps écoulé, mais aussi de l'intensité de la force motrice. Si le mobile se mouvait dans un milieu résistant

---

[1] Ce terme est emprunté à la théorie des sections coniques.

comme l'eau ou l'air, cet espace dépendrait en outre de la résistance du milieu. Sans multiplier les exemples, on comprend qu'on puisse être conduit à considérer des fonctions d'un nombre quelconque de variables indépendantes. Ces variables sont susceptibles de recevoir chacune une infinité de valeurs arbitraires, et la fonction, de son côté, prend des valeurs en conséquence. L'indétermination se trouve encore plus grande que dans les équations à deux variables, puisqu'on dispose à volonté des valeurs simultanées de plusieurs quantités.

On applique d'ailleurs aux fonctions de plusieurs variables les mêmes dénominations qu'aux fonctions d'une seule; on y distingue des constantes et des variables, des fonctions explicites et des fonctions implicites, etc., etc.

5. — Nous avons supposé jusqu'à présent la dépendance *immédiate,* c'est-à-dire établie directement par une équation entre la variable dépendante et les variables indépendantes. Cette corrélation peut être *médiate* ou indirecte, c'est-à-dire réalisée par l'intermédiaire d'autres équations et d'autres variables, qui ne servent en quelque sorte que de traits d'union entre celles dont on s'occupe véritablement. Ainsi, dans les exemples cités en commençant, on pourrait dire que la surface du cercle est fonction du périmètre, lequel à son tour est fonction du rayon; et que l'espace parcouru dans la chute d'un corps est fonction de la vitesse acquise, laquelle à son tour est fonction de la durée. Le périmètre et la vitesse seraient des variables accessoires, servant à établir l'enchaînement entre l'aire et le rayon, d'une part, entre l'espace et le temps écoulé, d'autre part. On serait d'ailleurs toujours maître de les

faire disparaître par des substitutions convenables, en remontant d'une équation à l'autre, jusqu'à ce qu'on ait mis en évidence la relation directe entre les variables indépendantes et la véritable variable dépendante. Mais bien qu'on puisse envisager ces dépendances médiates comme essentiellement provisoires et destinées à disparaître dans une élaboration définitive de la question, on n'en est pas moins conduit à leur faire une part dans le calcul, afin, précisément, d'éviter au moment même les substitutions plus ou moins compliquées que leur disparition immédiate rendrait nécessaires.

Une fonction dans le genre de celle qui exprimerait l'espace parcouru au moyen de la vitesse acquise se nomme *fonction de fonction,* pour indiquer que la quantité qui y joue en apparence le rôle de variable indépendante (la vitesse acquise) est en réalité une fonction de la véritable variable indépendante de la question (la durée). S'il existe à la fois plusieurs variables accessoires, la *fonction de ces fonctions* a la forme d'une fonction de plusieurs variables. indépendantes.

6. — La considération des fonctions est aussi ancienne que l'étude même des phénomènes, ou plutôt ne s'en distingue pas ; car qu'est-ce que la définition des fonctions, sinon la définition même des *lois* des phénomènes? Trouver la loi d'un phénomène, c'est établir entre ses divers éléments ou entre les diverses circonstances qui concourent à sa formation, une ou plusieurs équations qui permettent de déduire certains de ces éléments, quand les autres sont connus. La loi de la gravitation universelle, par exemple, consiste à exprimer, par une équation, la valeur de l'at-

traction en fonction des masses des corps en présence et
de la distance qui les sépare. La loi du refroidissement
d'un corps dans le vide consiste à exprimer la température
en fonction du temps écoulé, etc., etc.

Disons plus : il n'est pas un problème, en apparence le
plus étranger à la recherche des lois, qui ne conduise à
une fonction où l'expression d'une loi se trouve implicitement. C'est même là ce qui fait la généralité et par suite
la supériorité de l'algèbre ; car le problème une fois résolu, la formule qui en fournit la solution fournit aussi
celle de tous les autres problèmes de même nature, sans
qu'il soit nécessaire de refaire les calculs pour chaque cas
particulier. Ainsi, ayant trouvé que l'aire d'un cercle de
rayon déterminé est égale à un nombre constant multiplié par le carré de ce rayon, je sais que cette formule
conviendra à tous les cercles, et qu'il suffira pour chacun
d'eux de remplacer la valeur primitive du rayon par celle
qu'on assigne actuellement. En sorte que par une généralisation naturelle je suis conduit à enlever à l'équation son
caractère étroit d'équation de *solution,* pour y voir désormais une fonction, c'est-à-dire l'expression de la loi des
surfaces circulaires. De même, dans l'équation qui donne
la longueur de l'espace parcouru, sous l'action d'une force
constante, au bout d'un temps déterminé, je dois chercher autre chose que l'expression d'un fait particulier,
propre à la durée assignée, et y voir la loi même du mouvement dû à cette force, loi qui consiste en ce que l'espace
parcouru est proportionnel au carré du temps employé à
le parcourir.

Rien donc de plus naturel, de plus *primitif*, si j'ose
ainsi dire, que la considération des fonctions. Par suite,

rien qui soit en connexion plus immédiate avec la solution des problèmes, but définitif de toutes les sciences, que la branche de calcul qui s'occupe spécialement de l'étude des fonctions mathématiques.

CHAPITRE II.

CONTINUITÉ. — SOLUTIONS DE CONTINUITÉ.

7. — On dit qu'une fonction est *continue* lorsqu'on peut toujours assigner aux variables indépendantes des valeurs assez voisines pour que la différence des valeurs correspondantes de la fonction soit inférieure à toute grandeur donnée.

Les fonctions qui ne présentent pas ce caractère sont évidemment bien moins importantes à considérer, car elles ne sauraient se rapporter à aucun phénomène naturel. Dans l'ordre physique tout s'accomplit sans transition brusque, et les valeurs d'un même élément phénoménal se succèdent d'une manière graduelle. Cette vérité, reconnue de tout temps, avait donné lieu à l'adage philosophique : *Natura non facit saltum.*

L'analyse s'occupe spécialement des fonctions continues. On y admet aussi, à la vérité, les fonctions dans lesquelles la continuité n'est pas indéfinie, ou qui présentent ce qu'on est convenu de nommer des *solutions de continuité*, correspondant à certaines valeurs singulières des variables. La continuité doit exister d'ailleurs dans l'intervalle de ces valeurs singulières. Par exemple, la fonction qui exprime la tangente d'un arc est continue pour toutes les valeurs de l'arc plus grandes que 0 et moindres que 90°; la tangente devient négative en passant par une valeur infinie dès que l'angle est supérieur à 90°. De même la fonction

$$\frac{1}{\sin a - \sin x}$$ est continue pour toutes les valeurs de x

moindres que a ; mais quand l'angle atteint cette valeur, la fonction devient infinie, pour changer de signe et rester négative jusqu'à ce que x augmentant toujours passe par la valeur $\pi - a$.

A vrai dire, une semblable discontinuité ne mérite pas ce nom, car en restreignant convenablement le champ des variations de la variable indépendante, la fonction jouit pleinement du caractère de la continuité.

On aurait un exemple de fonction réellement discontinue, en posant $y = (-a)^x$, a désignant un nombre positif. Si l'on conçoit les valeurs successives de la variable x mises sous une forme fractionnaire $\frac{p}{q}$, la fonction y sera égale à $\sqrt[q]{(-a)^p}$. Toutes les fois que p sera un nombre impair et q un nombre pair, la valeur de y sera imaginaire ; elle sera, au contraire, réelle si p est pair. Or, en prenant p et q suffisamment grands, on peut, tout en faisant varier x très-peu, lui attribuer successivement une infinité de ces valeurs fractionnaires qui, déterminant tantôt une valeur réelle, tantôt une valeur imaginaire pour y, ne correspondent à aucune continuité dans les variations de cette fonction.

Conformément aux usages reçus, nous ne nous occuperons pas des fonctions discontinues.

CHAPITRE III.

LIMITES ET INFINIMENT PETITS.

8. — Quand les valeurs successives d'une quantité variable approchent indéfiniment d'une quantité fixe et déterminée, de manière à en différer *aussi peu qu'on le veut,* cette quantité fixe est dite la *limite* des valeurs de la variable.

C'est ainsi que l'aire d'un cercle est la limite des polygones inscrits et circonscrits; que le cône est la limite des pyramides inscrites et circonscrites; que la parabole est la limite des ellipses dont le grand axe augmente indéfiniment; que l'asymptote à l'hyperbole est la limite des tangentes dont le point de contact s'éloigne indéfiniment du sommet, etc., etc.

Pour être assuré qu'une quantité fixe est la limite d'une variable, il ne suffit pas de constater que la différence diminue de plus en plus : il faut encore prouver que cette différence peut devenir *moindre que toute quantité donnée.* Par exemple, toute parallèle à la direction de l'asymptote satisferait à la condition que les tangentes en approchent de plus en plus : cependant ce ne serait pas là une limite, parce que la différence entre ces tangentes et la parallèle en question ne pourrait pas être rendue moindre que la distance qui sépare la parallèle de l'asymptote. De même les polygones inscrits dans un cercle ne sauraient avoir pour limite tout autre cercle concentrique au précédent, si minime d'ailleurs que fût la différence des rayons.

Cette condition essentielle que la différence entre la limite et la variable soit susceptible de descendre au-dessous de toute grandeur assignée, a pour conséquence immédiate qu'une variable ne peut avoir qu'une seule limite. On conçoit dès lors que la loi des variations d'une quantité étant connue, la limite, s'il en existe, se trouve parfaitement déterminée : bien qu'on puisse, à la vérité, ne pas savoir la calculer effectivement.

Il ne faut pas confondre la définition que nous venons de donner de la limite, avec l'acception attribuée quelquefois — mais à tort — au même mot, pour désigner *la plus grande* ou *la plus petite* valeur que puisse recevoir la variable. C'est dans ce sens qu'on dit que le diamètre est la limite des cordes du cercle, que le rayon est la limite des sinus et des cosinus, etc. Nous n'emploierons jamais le mot dans cette acception. Ce qui caractérise la limite telle que nous l'avons définie, c'est à la fois que la variable puisse en approcher *autant qu'on le veut,* et néanmoins *qu'elle ne puisse jamais l'atteindre rigoureusement ;* car, pour satisfaire à cette dernière condition, il faudrait

2.

la réalisation d'une certaine *infinité*, qui nous est nécessairement interdite. Ainsi, pour que les polygones se confondissent exactement avec le cercle, il faudrait que le nombre des côtés devînt infini ; pour que la tangente à l'hyperbole coïncidât avec l'asymptote, il faudrait que le point de contact fût reculé à l'infini. La condition d'infinité, mêlée à ces questions, leur enlève toute espèce de sens ; on doit s'en tenir à l'idée d'une approximation *indéfinie*, c'est-à-dire de plus en plus grande à mesure que le nombre des côtés du polygone ou l'éloignement du point de contact de l'hyperbole augmente davantage.

9. — La notion de limite se rattache à une particularité intéressante : celle de deux définitions complétement *distinctes*, et dont les objets tendent néanmoins à se confondre.

Définir un objet c'est en marquer des caractères tels qu'il ne puisse être confondu avec aucun autre. Si la confusion était possible, la définition serait nécessairement fausse ou incomplète. Quand on définit l'ellipse : *Le lieu des points dont les distances à deux points fixes font une somme constante ;* et la parabole : *Le lieu des points qui sont à égale distance d'un point fixe et d'une droite donnée*, on satisfait évidemment aux conditions logiques d'une bonne définition ; car l'ellipse et la parabole se trouvent parfaitement distinguées l'une de l'autre. Mais ce qui se produit, c'est qu'à mesure qu'un des points fixes de l'ellipse s'éloigne davantage, les deux courbes sont de moins en moins distinctes ; de telle sorte qu'on arrive à ce résultat extrême que deux énoncés logiquement différents ne représentent plus qu'une seule et même chose. Mais cette circonstance n'infirme point la validité des définitions, puisque la confusion ne se manifeste qu'à l'infini.

Le propre de la limite et ce qui fait que la variable ne l'atteint jamais exactement, c'est *d'avoir une définition autre que celle de la variable ;* et la variable de son côté, tout en approchant de plus en plus de la limite, *ne doit jamais cesser de satisfaire à sa définition primitive.* Cette distinction entre les définitions de la limite et de la variable se retrouve partout. On le vérifiera aisément dans les divers exemples de limites que nous aurons lieu d'étudier par la suite ; et pour n'en citer qu'un seul, des plus usuels, celui de la tangente considérée comme limite des sécantes, qui ne voit que la tangente satisfait à la définition de n'avoir qu'un point commun avec la courbe, tandis que le propre de la sécante est, au contraire, d'en avoir deux ? Cette circonstance capitale, de deux définitions *logiquement distinctes* et telles, néanmoins, que les objets définis peuvent s'approcher de plus en plus l'un de l'autre, rend compte de ce que paraît avoir d'étrange, au premier abord, l'impossibilité de faire coïncider exactement deux quantités dont on est maître d'ailleurs de diminuer la différence au delà de toute expression.

10. — Une quantité variable n'est pas nécessairement toujours plus petite ou toujours plus grande que la limite dont elle s'approche indéfiniment ; il peut arriver, au contraire, qu'elle devienne alternativement plus grande et plus petite que cette limite, en oscillant pour ainsi dire de part et d'autre.

Ainsi le rapport du sinus à l'arc tend vers zéro à mesure que l'arc augmente ; mais chaque fois que l'arc devient égal à un multiple de la demi-circonférence, le rapport est nul et change de signe ; en sorte que ce rapport, alternativement positif et négatif, oscille réellement autour de zéro, en s'en écartant de moins en moins, pendant que l'arc augmente indéfiniment.

Il ne faudrait point dire que, la limite en question étant zéro, le rapport variable se confond rigoureusement avec cette limite, lorsque l'arc est égal à un multiple exact de la demi-circonférence ; — et que, par là, se trouve infirmé le principe sur lequel nous avons insisté, à savoir que la variable ne peut jamais coïncider avec sa limite. — Remarquons en effet que lorsque l'arc est supposé égal à un multiple de la demi-circonférence, le rapport dont il s'agit n'a plus aucun sens ; car il n'y a pas de sinus correspondant à un tel arc. Par suite, la quantité variable (le rapport du sinus à l'arc), qui implique l'existence d'un sinus, cesse de satisfaire à sa définition primitive, et c'est pourquoi la limite paraît atteinte contrairement au principe général. Notre illusion à cet égard tient à ce que, pour passer d'un arc un peu plus petit qu'un multiple exact de la demi-circonférence à un arc un peu plus grand, nous passons *graphiquement* par un point intermédiaire pour lequel, à proprement parler, la variable cesse d'exister avec la ligne trigonométrique qui lui donne naissance.

11. — On nomme quantité infiniment petite ou simplement *infiniment petit* une quantité variable qui peut approcher de plus en plus de zéro, de manière à en différer aussi peu qu'on le veut, mais sans pouvoir jamais être rigoureusement nulle.

Cette définition rentre dans la définition générale de la

limite : elle correspond au cas particulier où la limite est supposée égale à zéro.

On peut dire aussi que la notion de limite implique l'idée corrélative d'infiniment petit ; car de ce qu'une variable en général approche de plus en plus d'une quantité fixe, il s'ensuit que la différence entre cette quantité fixe et la variable tend indéfiniment vers zéro sans pouvoir néanmoins être nulle, c'est-à-dire est une quantité infiniment petite.

Mais afin de ne pas restreindre la portée de la notion, il convient d'envisager l'infiniment petit en lui-même, sans le rattacher à une limite et à une variable dont il soit la différence. Il y a, en effet, bien d'autres manières de concevoir la génération d'un infiniment petit : on pourrait, par exemple, le faire résulter d'une fraction dont le numérateur serait constant et le dénominateur indéfiniment croissant, ou encore d'une puissance dont le degré augmenterait indéfiniment et dont la base serait moindre que l'unité, etc., etc.

L'infiniment petit n'est pas une quantité *très-petite,* ayant une valeur actuelle, susceptible de détermination. Son caractère est d'être éminemment variable et de pouvoir prendre une valeur moindre que toutes celles qu'on voudrait préciser. Il serait beaucoup mieux nommé *indéfiniment petit ;* mais la première appellation ayant prévalu dans l'usage, nous avons cru devoir la conserver [1].

---

[1] Cette notion de l'infiniment petit a été admirablement développée par Carnot, dans ses *Réflexions sur la métaphysique du calcul infinitésimal* (voir notamment pages 16, 17 et 18). Avant ce géomètre, on avait, il faut le reconnaître, des idées assez confuses et même fausses sur la nature des infiniment petits, tels qu'ils sont introduits dans le calcul.

Par opposition à l'infiniment petit, on nomme quantité infiniment grande ou simplement *infiniment grand* une quantité qui peut augmenter au delà de toute expression.

L'infiniment petit et l'infiniment grand sont les deux modes extrêmes de la quantité qui, dans ses variations, tend vers le néant ou vers l'infini.

Le rapport d'une quantité finie à un infiniment petit est un infiniment grand, et son rapport à un infiniment grand est un infiniment petit : ou, si l'on veut, le produit de ces deux indéfinis opposés est une quantité finie.

12. — Les notions de fonction et de variable sont, comme on l'a vu, suggérées naturellement par l'étude des phénomènes et par la résolution des problèmes de toute sorte. Il en est de même de celles de limite et d'infiniment petit : c'est ce que montrent, à chaque pas, les plus simples questions qu'on puisse se proposer.

S'agit-il, par exemple, de la mesure d'un arc de courbe ; tout d'abord et indépendamment des moyens quelconques mis en œuvre pour l'obtenir, se présente cette question préliminaire : Qu'est-ce que la longueur d'une ligne courbe ?

On ne peut plus répondre, comme pour la ligne droite, que c'est *le nombre de fois qu'elle contient l'unité de longueur* [1] ; car comment concevoir qu'une mesure rectiligne puisse être portée sur un développement curviligne ? On se tire ordinairement d'embarras en disant que la lon-

---

[1] La mesure de la ligne brisée ne se distingue pas de celle de la ligne droite, puisque chacune de ses parties est individuellement rectiligne.

gueur de la courbe est celle d'un fil flexible et inextensible qui coïnciderait exactement avec elle et qu'on étendrait ensuite en ligne droite. Mais la difficulté n'est que reculée. En admettant même que le fil soit doué des propriétés physiques supposées (flexibilité et inextensibilité parfaites), reste la question d'assurer sa coïncidence avec la courbe. Il est visible que les moyens employés pour y parvenir se réduisent en définitive à le faire passer par un certain nombre de points de la courbe, et à considérer la coïncidence comme exacte quand les points sont suffisamment rapprochés. Or, si grand que soit ce rapprochement, les points n'en sont pas moins parfaitement distincts, et les portions de fil qui les joignent deux à deux distinctes aussi des portions de courbe dont elles forment les cordes. La coïncidence qu'il s'agissait d'établir revient donc à inscrire dans la courbe un polygone formé d'un très-grand nombre de côtés très-petits, et c'est la longueur du périmètre de ce polygone qu'on prend pour la longueur de la courbe elle-même. On comprend d'ailleurs très-bien que le résultat ainsi obtenu est d'autant plus près de la vérité que le nombre des côtés est plus grand : en d'autres termes, on envisage la courbe comme la limite des polygones inscrits. Pour justifier ce point de vue, il faut, d'après la définition générale des limites, prouver que la différence entre la longueur inconnue de la courbe et la longueur des périmètres inscrits peut être rendue moindre que toute quantité donnée, en augmentant convenablement le nombre des côtés. Nous n'avons pas à nous occuper, en ce moment, de la démonstration quelconque dont on peut faire usage : nous aurons occasion d'y revenir plus tard. Il s'agit seulement ici de montrer comment l'idée de limite se présente naturellement à l'esprit, et pour ainsi dire sans qu'on la formule explicitement : puisque dans un cas théoriquement bien simple, la mesure d'une longueur de courbe, la définition même de l'objet cherché implique la conception d'une limite.

Je citerai d'autres objets dont la définition semble nécessiter cette conception d'une façon plus directe encore. De ce nombre sont la *vitesse* (dans le mouvement qui n'est pas uniforme), l'*accélération* (dans le mouvement qui n'est pas uniformément varié), la *courbure* (dans les lignes autres que le cercle), etc., etc. Comment, en effet, définir la vitesse dans un mouvement rectiligne varié, c'est-à-dire dans un mouvement où les espaces parcourus pendant des durées égales ne sont pas égaux? Nous ne pouvons plus, comme dans le mouvement uniforme, appeler vitesse la longueur parcourue pendant chaque unité de temps, puisque cette longueur varie incessamment. Mais si je considère une longueur très-courte, comme le mouvement n'a pas dû varier beaucoup dans l'intervalle, je pourrai admettre que la vitesse que j'avais en vue ne s'écarte pas sensiblement de la moyenne obtenue en divisant la longueur par le temps écoulé. Je conçois d'ailleurs fort bien que j'ai une évaluation d'autant plus exacte de cette vitesse que l'espace mesuré a une moindre étendue. En sorte que, finalement, si je vais au fond des choses, je reconnais que le terme dont mes observations matérielles cherchent à se rapprocher de plus en plus, est précisément la limite idéale du rapport de l'espace parcouru au temps employé à le parcourir, lorsque cet espace et ce temps convergent indéfiniment vers zéro.

Les mêmes considérations montrent en outre comment

la notion d'infiniment petit s'introduit dans l'analyse. Nous en avons des exemples naturels, soit dans les côtés des polygones inscrits et circonscrits à la courbe, soit dans les longueurs et les durées qui interviennent dans la définition de la vitesse.

CHAPITRE IV.

ANALYSE ORDINAIRE OU ALGÉBRIQUE, ET ANALYSE TRANSCENDANTE OU INFINITÉSIMALE. — CALCUL ET MÉTHODE.

13. — Il est visible que si la connaissance de la loi des variations d'une quantité permettait de calculer la limite vers laquelle elle converge, la solution des problèmes pourrait en recevoir de très-grands secours. Pour évaluer, je suppose, la longueur d'une courbe, il suffirait de déterminer le périmètre d'un polygone inscrit et de voir de quelle manière ce périmètre varie à mesure que le nombre des côtés augmente indéfiniment. Mais sans anticiper sur ce genre de recherches (qui forment, comme on le verra plus tard, la destination effective de l'analyse supérieure), on peut constater immédiatement, pour un certain nombre de questions, l'utilité de la conception des limites. Ainsi,

d'une manière générale, les propriétés d'une quantité, à tous ses états de grandeur, appartiennent également à la limite vers laquelle elle tend. Sachant, par exemple, que l'aire d'un polygone régulier est égale à son périmètre multiplié par la moitié de l'apothème (rayon du cercle inscrit), quel que soit le nombre des côtés, j'en conclus avec certitude que cette relation est vraie aussi pour le cercle, ou que l'aire de ce dernier est égale à la circonférence multipliée par la moitié du rayon.

Les problèmes peuvent être distingués en deux catégories, selon que les relations sont établies directement entre les diverses quantités qui y figurent, ou selon que ces quantités sont remplacées par d'autres qui en approchent indéfiniment, de telle sorte que les équations portent sur des limites de variables qui convergent respectivement vers les éléments véritables de la question.

La mesure de l'aire d'un triangle, par exemple, est un problème de la première catégorie, parce que l'équation formée entre cette aire, la base et la hauteur du triangle, établit une relation directe entre les éléments du problème. Au contraire, la question que nous avons citée tout à l'heure (la mesure de l'aire d'un cercle) est un problème de la deuxième catégorie, parce qu'on y recourt au polygone inscrit, et que l'équation porte, en conséquence, sur les limites de l'aire, du périmètre et de l'apothème du polygone, limites qui sont respectivement l'aire, la circonférence et le rayon du cercle.

Les sciences qui s'occupent de la première sorte de problèmes, forment dans leur ensemble l'Analyse ordinaire ou algébrique, et les procédés mis en usage sont désignés avec beaucoup de raison, par M. Auguste Comte, sous le nom générique de calcul des fonctions *directes*. Les sciences qui traitent de la seconde nature de problèmes, constituent l'Analyse transcendante ou *infinitésimale*, ainsi nommée pour rappeler que la notion de l'infini ou plutôt de l'*indéfini* (qui n'est autre que celle de limite) y intervient essentiellement. Les procédés algébriques qu'on y emploie forment, d'après le même auteur, le calcul des fonctions *indirectes* [1].

14.—L'Analyse ordinaire comporte, comme on sait, deux parties distinctes : l'une qui est la *mise en équations* des problèmes, ou la manière d'exprimer algébriquement les relations qui existent entre les divers éléments ; l'autre qui consiste à *résoudre* les équations ou à effectuer toutes les opérations nécessaires pour trouver les valeurs des inconnues en fonction des quantités connues. La première partie est la *Méthode* algébrique, l'autre est le Calcul. L'Analyse infinitésimale comporte naturellement la même division, et l'on y reconnaît une Méthode, distincte du Calcul infinitésimal proprement dit.

La méthode infinitésimale offre une particularité très-importante que ne présente pas la méthode algébrique ; c'est précisément la recherche, dans chaque problème, des quantités qu'on peut considérer comme limites de certaines autres, et la manière d'établir les équations qui doivent exprimer ces relations de limites.

Quant au calcul infinitésimal, il a pour objet de créer des procédés réguliers qui permettent de résoudre les équations d'une nature nouvelle, auxquelles donne lieu la

---

[1] *Cours de philosophie positive*, t. I, p. 142.

relation de limite qui s'y trouve introduite. Cet objet ressort nettement des divers exemples que nous avons eu occasion de citer. Ainsi la détermination de la vitesse d'un mouvement varié conduit à calculer la valeur limite vers laquelle tend indéfiniment le rapport de l'espace parcouru au temps, en supposant connue la relation entre l'espace et le temps. De même la détermination de la longueur d'une courbe conduit à calculer la limite vers laquelle tend la somme des côtés d'un polygone inscrit, en supposant connue la forme de la courbe, c'est-à-dire l'équation qui la représente algébriquement.

La notion de limite n'était point étrangère aux géomètres anciens, et elle leur avait servi à résoudre un certain nombre de problèmes, tels que l'évaluation du rapport constant de la circonférence au diamètre. Ce qui leur a manqué véritablement pour aborder les hautes questions traitées avec tant de succès par les modernes, c'est le calcul infinitésimal lui-même. Ils étaient dépourvus de procédés généraux pour résoudre les équations aux limites. La découverte de ce calcul a eu en même temps pour résultat d'élargir le champ de la méthode, en sorte que ces deux branches de l'analyse infinitésimale se sont développées simultanément en se prêtant un mutuel secours.

CHAPITRE V.

LIMITE DE RAPPORT , DIFFÉRENTIATION. — LIMITE DE SOMME, INTÉGRATION.

15. — « Les grandeurs peuvent être considérées comme
« dépendant de limites de variables, de bien des manières
« différentes. Les formes de leurs expressions peuvent être
« aussi diverses que celles des questions mêmes dont elles
« sont les solutions [1]. »

Dès lors il semble difficile d'établir des règles précises
pour le calcul des diverses limites qui se présentent. Mais
comme on a remarqué, d'une part, qu'un grand nombre de
questions donnent lieu aux mêmes sortes de limites, et
d'autre part, qu'il est souvent possible d'y ramener celles
qu'on serait tenté d'envisager sous un autre aspect, on s'en

[1]   Duhamel, *Éléments de calcul infinitésimal* , t. Ier, p. 25.

est tenu en réalité à deux modes principaux de limites, qui sont précisément ceux dont nous avons eu occasion de nous occuper dans les exemples précédents.

Le premier mode, qu'on trouve dans la détermination de la vitesse, de la courbure, etc., est désigné sous le nom de *limite de rapport*, parce qu'on y considère la limite vers laquelle converge le rapport de deux quantités variables indéfiniment décroissantes. Le second mode, dont nous avons vu un exemple dans la détermination de la longueur des courbes, est appelé *limite de somme*, parce qu'on s'y occupe de la limite vers laquelle tend une somme de termes dont le nombre augmente sans cesse tandis que l'importance de chacun d'eux diminue jusqu'à zéro.

Le calcul infinitésimal se partage en deux branches correspondantes. Celle qui traite des limites de rapports a, pour des motifs que nous dirons plus tard, reçu le nom de *Calcul différentiel*; celle qui traite des limites de sommes constitue le *Calcul intégral*. Les opérations algébriques spéciales qu'on y effectue sont respectivement appelées *différentiation* et *intégration*.

A ces deux opérations fondamentales se rattachent des développements analytiques importants, nécessités par cette circonstance que les problèmes ne se présentent pas toujours avec le caractère des exemples précédents. Il est même assez rare que la question puisse être immédiatement ramenée à l'évaluation directe d'une limite de rapport ou d'une limite de somme, comme lorsqu'il s'agit de calculer la longueur d'une courbe ou la vitesse d'un mouvement varié. Le plus souvent les limites qu'il s'agit de trouver sont combinées avec d'autres quantités inconnues, dans des équations d'une forme compliquée, qui donnent lieu à une élaboration spéciale. Notre but, dans ce travail, étant de chercher à rendre compte de l'esprit de l'analyse infinitésimale, et non de donner une exposition didactique de la science, nous nous bornerons aux questions simples qui se résolvent immédiatement par une différentiation ou une intégration. C'est là que se montrent le mieux le rôle du nouveau calcul et l'usage de la méthode infinitésimale.

SECONDE PARTIE

CALCUL INFINITÉSIMAL.

CALCUL DIFFÉRENTIEL

ou

CALCUL DES LIMITES DE RAPPORT.

Étant donné deux quantités, fonctions l'une de l'autre, qui convergent indéfiniment vers zéro, trouver la valeur de la limite vers laquelle tend le rapport de ces quantités.

CHAPITRE PREMIER.

EXISTENCE DE LA LIMITE DE RAPPORT DANS TOUTES LES FONCTIONS CONTINUES.

16. — Avant d'aborder le problème fondamental du calcul différentiel, je ferai une remarque relative à la présence, dans les équations, des quantités indéfiniment décroissantes qui forment les deux termes du rapport dont on cherche la limite. En général, ces quantités n'entrent

pas directement dans les relations, elles n'y figurent que comme différence de deux valeurs d'une même variable, qui tendent indéfiniment à se confondre. Quand on calcule, par exemple, la valeur, à un moment donné, de la vitesse d'un mouvement varié, l'espace et le temps qui figurent dans la fonction ne sont pas comptés précisément à partir de ce moment, mais bien à partir d'un moment quelconque; en sorte que les quantités dont on veut trouver le rapport limite, sont les différences indéfiniment décroissantes, entre les valeurs actuelles de l'espace et du temps, et les valeurs ultérieures de ces mêmes variables, qu'on ramènerait ensuite aux précédentes.

Il ne saurait d'ailleurs en être autrement, puisque l'équation qui exprime la loi du mouvement doit exprimer cette loi à tout instant de sa durée. Nous supposerons donc désormais que les termes du rapport sont formés par les différences respectives des valeurs attribuées aux variables de la question.

17. — Nous voilà amené à calculer, pour une fonction quelconque, la limite vers laquelle tend le rapport des accroissements de la fonction et de la variable [1], lorsque ces accroissements convergent indéfiniment vers zéro; ou,

---

[1] Nous employons le mot *accroissement* pour désigner la différence des valeurs successives de la fonction, quoiqu'il puisse très-bien arriver que la seconde valeur soit inférieure à la première, ou que la fonction *diminue* tandis que la variable est supposée augmenter. Il serait préférable de désigner la différence, qui peut ainsi être négative, par le terme générique de *variation*. Mais ce dernier mot ayant reçu une autre acception (dans le calcul des variations), on conserve celui d'accroissement comme synonyme de différence. Il faut seulement se rappeler que cet accroissement peut aussi bien être négatif que positif.

en d'autres termes, d'après les définitions précédentes (n° 11), lorsque ces accroissements sont supposés *infiniment petits*.

Et tout d'abord, cette limite existe-t-elle? Est-on assuré, *à priori,* que le rapport dont il s'agit converge vers une valeur *finie,* quelle que soit la fonction?

Il n'est pas difficile de le vérifier sur divers exemples [1]. Mais cela ne suffit pas, puisque cette vérification ne peut embrasser toutes les fonctions imaginables. Voici la démonstration générale, donnée par M. Duhamel dans, ses

---

[1] Soit, je suppose, la fonction particulière $x^3 + px + q$, dont je désigne la valeur par y. Si j'attribue à x une valeur différente, $x + h$, la nouvelle valeur, $y + k$, de la fonction sera exprimée par $(x + h)^3 + p(x + h) + q$. La différence entre ces valeurs, ou $(x + h)^3 + p(x + h) + q - (x^3 + px + q)$, représentera l'accroissement k de la fonction, correspondant à l'accroissement h de la variable. La limite du rapport $\dfrac{k}{h}$ sera égale à la limite vers laquelle tend la valeur de la fraction

$$\frac{(x + h)^3 + p(x + h) + q - (x^3 + px + q)}{h},$$

lorsque h converge vers zéro.

Si l'on effectue les calculs indiqués, on trouve que cette fraction se réduit à la quantité

$$2x + p + h,$$

laquelle a visiblement pour limite $2x + p$, puisque h a pour limite zéro.

Soit encore la fonction $y = a\sin x$. On a $y + k = a\sin(x + h)$ et

$$\frac{k}{h} = \frac{a\sin(x + h) - a\sin x}{h} = \frac{a\sin x(\cos h - 1) + a\cos x\sin h}{h} =$$

$$= \frac{-2a\sin x\sin^2\tfrac{1}{2}h + a\cos x\sin h}{h} = -2a\sin x\sin\tfrac{1}{2}h\,\frac{\sin\tfrac{1}{2}h}{h}$$

$$+ a\cos x\,\frac{\sin h}{h}.$$ Or, lorsque h tend vers zéro, $\dfrac{\sin\tfrac{1}{2}h}{h}$ et $\dfrac{\sin h}{h}$ tendent respectivement vers $\tfrac{1}{2}$ et 1, et $\sin\tfrac{1}{2}h$ tend vers zéro; donc la limite du dernier membre est $a\cos x$.

Éléments de calcul infinitésimal (tom. 1ᵉʳ, pag. 94) :

« Soit y une fonction quelconque d'une variable x, assu-
« jettie seulement aux conditions suivantes : 1° Que lors-
« qu'on donne un accroissement h à x, il en résulte un
« accroissement k de y, qui tende vers zéro si l'on fait
« tendre h vers zéro; 2° qu'à partir de toute valeur de x
« on en puisse prendre une autre qui en diffère d'une
« quantité finie déterminée, telle que si x varie dans le
« même sens, dans l'intervalle compris entre elles, y varie
« constamment dans un même sens, c'est-à-dire toujours
« en augmentant ou toujours en diminuant [1].

« Cela posé, il est facile de démontrer que, dans ces
« conditions, pour toute valeur de x il existe une limite
« finie pour le rapport des accroissements infiniment petits
« h et k; c'est-à-dire qu'il ne peut y avoir que des valeurs
« exceptionnelles de x pour lesquelles ce rapport croisse
« ou décroisse indéfiniment.

---

[1] La première de ces deux conditions est évidemment réalisée dans les fonctions dont nous sommes convenu de nous occuper. Si l'on se reporte à ce que nous avons dit au N° 7, on reconnaîtra sans peine que l'hypothèse de la *continuité* n'est autre chose que celle d'après laquelle l'accroissement de la fonction converge vers zéro en même temps que l'accroissement de la variable.

Quant à l'autre condition, elle ressort aussi, implicitement, de l'hypothèse de la continuité; car si l'on admet que la fonction ne varie jamais par soubresauts, mais d'une manière graduelle, il est visible que ses variations sont réparties en périodes, tantôt de croissance continue, tantôt de décroissance continue ; et, quelque limitée que soit chacune de ces périodes, on pourra toujours prendre des valeurs de x assez rapprochées pour que les variations correspondantes de y soient comprises dans une même période de croissance ou de décroissance. Les valeurs de x ainsi choisies diffèrent d'ailleurs d'une quantité finie, puisque, en vertu de la première condition, l'accroissement de la fonction serait infiniment petit si la différence des valeurs de la variable était infiniment petite.

« En effet, soient x_0, X, deux valeurs de x satisfaisant
« aux conditions ci-dessus indiquées; y_0, Y, les valeurs
« correspondantes de y; partageons l'intervalle $\mathrm{X}-x_0$ en n
« parties égales, que nous désignerons par h, et soient
« k_1, k_2, k_3,... k_n , les valeurs correspondantes des ac-
« croissements positifs de y; on aura :

$$\mathrm{X}-x_0 = nh , \quad \mathrm{Y}-y_0 = k_1 + k_2 + k_3 + \ldots + k_n ;$$

« d'où résulte :

$$\frac{\mathrm{Y}-y_0}{\mathrm{X}-x_0} = \frac{\dfrac{k_1}{h} + \dfrac{k_2}{h} + \ldots + \dfrac{k_n}{h}}{n} ;$$

« c'est-à-dire que le rapport invariable des accroissements
« finis de x et de y, quand on passe de x_0 à X, est la
« moyenne arithmétique des rapports $\dfrac{k_1}{h}$, $\dfrac{k_2}{h}$, $\ldots \dfrac{k_n}{h}$,
« quel que soit le nombre entier n.

« Si maintenant on fait croître n indéfiniment, les
« termes de ces rapports tendront vers zéro, et leur
« moyenne arithmétique étant toujours égale à la quantité
« finie $\dfrac{\mathrm{Y}-y_0}{\mathrm{X}-x_0}$, il est impossible qu'ils tendent tous vers
« zéro, ou qu'ils croissent tous indéfiniment.

« Cette conclusion, relative à l'intervalle $\mathrm{X}-x_0$, pou-
« vant être appliquée à toute partie de cet intervalle, il
« s'ensuit qu'il est impossible que, dans aucun intervalle
« fini, la valeur de $\dfrac{k}{h}$ tende vers zéro ou croisse indéfi-
« niment pour toutes les valeurs de x. Ce n'est donc que
« pour des valeurs exceptionnelles et en nombre limité

« que $\dfrac{k}{h}$ peut ne pas avoir une valeur finie ; ce que nous
« voulions établir.

« Nous avons supposé dans ce raisonnement que $\dfrac{Y - y_0}{X - x_0}$
« avait une valeur finie. En ne s'assujettissant pas à cette
« condition, voyons s'il est possible que toutes les valeurs
« de $\dfrac{k}{h}$ tendent vers zéro ou croissent indéfiniment.

« Si tous les rapports tendent vers zéro, leur moyenne
« y tendra nécessairement, et comme elle est constante,
« elle ne peut être que zéro ; donc $Y - y_0 = o$, ou $Y = y_0$.
« Et comme il en sera de même si l'on considère l'inter-
« valle entre x_0 et toute autre valeur choisie entre x_0 et X,
« il en résulte que toutes les valeurs de y correspondant
« aux valeurs de x comprises entre x_0 et X sont égales
« à y_0. La fonction désignée par y ne serait donc autre
« chose qu'une constante, et l'on voit alors que non-seu-
« lement $\dfrac{k}{h}$ tendra vers zéro, mais qu'il sera toujours
« rigoureusement nul. . . . .

« Si maintenant tous les rapports $\dfrac{k}{h}$ croissaient sans
« limites, les rapports réciproques $\dfrac{h}{k}$ tendraient tous vers
« zéro ; . . . . auquel cas tous
« les rapports $\dfrac{h}{k}$ seraient rigoureusement nuls, et l'on
« dirait que les rapports $\dfrac{k}{h}$ sont tous infinis. »

La démonstration qui précède prouve l'*existence* de
la limite du rapport, mais elle ne prouve pas qu'on
sache la calculer effectivement, ni même qu'elle soit sus-

ceptible d'être exprimée *analytiquement*. En d'autres termes, nous ne pouvons pas encore affirmer que cette limite est représentée par une fonction analytique; ce dernier point résultera d'un autre ordre de considérations. Toutefois nous supposerons, dès maintenant, qu'il en est ainsi.

CHAPITRE II.

DÉRIVÉES ET DIFFÉRENTIELLES.

18. — La valeur (*finie,* comme on vient de le voir), vers laquelle converge le rapport des accroissements des variables y et x, est nécessairement une fonction de x ; car cette valeur doit changer avec les valeurs de x et de y à partir desquelles sont pris les accroissements, et elle ne peut changer que d'après ces variables. Nous supposerons en outre, comme nous l'avons déjà dit, que c'est une fonction *analytique.* On lui a donné le nom de *fonction dérivée,* ou simplement de *dérivée,* parce qu'elle dérive suivant certaines lois — que le calcul différentiel a précisément pour objet d'établir — de la fonction donnée, laquelle est, par opposition, nommée *fonction primitive.*

On représente, dans les formules, la fonction dérivée

par la même notation que la fonction primitive, affectée d'un accent. Ainsi y' ou $f'(x)$ désignent la dérivée de y ou de $f(x)$. Les accroissements des variables sont désignés par la caractéristique Δ placée devant la variable : Δx et Δy sont les accroissements de x et de y. La limite vers laquelle tend une quantité se représente par l'abréviation lim écrite devant la quantité : $\lim \dfrac{\Delta y}{\Delta x}$ désigne la limite du rapport des accroissements de y et de x, lorsque ces accroissements convergent vers zéro ; et l'on a par définition

$$\lim \frac{\Delta y}{\Delta x} = y' \ \text{ ou } \ f'(x).$$

19. — Puisque la limite du rapport des accroissements de la fonction et de la variable est exprimée par une certaine fonction que nous avons appelée dérivée, ce rapport, quand les accroissements ont des valeurs finies, diffère de la dérivée, et en diffère d'autant plus que les accroissements ont des valeurs plus éloignées de zéro. On peut donc poser :

$$\frac{\Delta y}{\Delta x} = f'(x) + \alpha ,$$

α étant une quantité variable qui diminue avec Δx, et qui a pour limite zéro.

On déduit de là :

$$\Delta y = f'(x) \, \Delta x + \alpha \, \Delta x ;$$

ce qui nous montre que l'accroissement d'une fonction, correspondant à un accroissement *fini* de la variable, est composé de deux parties : l'une, qui est le produit de la dérivée par l'accroissement de la variable ; l'autre, qui est le produit de ce même accroissement par une quantité qui tend vers zéro en même temps que lui.

La première partie, qui forme la portion principale de la différence Δy, a reçu le nom de *différentielle*, mot qu'on peut considérer comme provenant de la contraction de ceux-ci : *différence partielle*, et qui en rappelle suffisamment l'origine. Cette différentielle est indiquée dans les formules par la caractéristique d placée devant la quantité ; ainsi dy représente la différentielle de y ou $f'(x)\,\Delta x$. On a :

$$dy = f'(x)\,\Delta x \ , \quad \text{ou} \quad f'(x) = \frac{dy}{\Delta x} \ ;$$

$$\text{et} \quad \Delta y = dy + \alpha\,\Delta x \ , \text{ ou} \quad \frac{\Delta y}{dy} = 1 + \frac{\alpha}{f'(x)} \ .$$

La variable indépendante x n'a pas de différentielle ou plutôt sa différentielle n'est pas distincte de son propre accroissement [1]. Rien n'empêche, pour la symétrie des écri-

---

[1] L'identité de la différentielle et de l'accroissement, en ce qui concerne la variable indépendante, n'a rien de contraire à la définition générale de la différentielle. Si l'on considère x comme une fonction — la plus simple, à la vérité, qui se puisse concevoir — de la variable x, la dérivée de cette fonction, ou la limite du rapport des accroissements de la fonction et de la variable, sera évidemment égale à 1, car elle est exprimée, d'une manière générale par $\lim \dfrac{(x + \Delta x) - x}{\Delta x}$ ou par $\lim \dfrac{\Delta x}{\Delta x}$; et la différentielle, qui est le produit de la dérivée par l'accroissement de la variable, se trouve représentée simplement par l'accroissement lui-même.

tures, de remplacer Δx par dx, dans toutes les formules où figure dy. Les relations ci-dessus deviennent :

$$dy = f'(x)\, dx \;, \quad \text{ou} \quad f'(x) = \frac{dy}{dx} \; ;$$

$$\Delta y = dy + \alpha\, dx \;, \quad \text{ou} \quad \frac{\Delta y}{dy} = 1 + \frac{\alpha}{f'(x)} \; .$$

La relation $dy = f'(x)\, dx$ nous montre qu'il revient au même de chercher la différentielle ou la dérivée d'une fonction ; c'est ce qui a fait donner le nom de *différentiation* à l'opération qui a pour objet la recherche des limites de rapport , et le nom de calcul *différentiel* à la science qui traite des fonctions dérivées (n° 15).

Pour le même motif, on appelle quelquefois la fonction dérivée, *quotient différentiel* , parce qu'elle est égale au quotient des deux différentielles.

Les relations précédentes montrent que le rapport de l'accroissement de la fonction à sa différentielle converge vers l'unité, en même temps que l'accroissement de la variable tend vers zéro ; car le terme additionnel $\dfrac{\alpha}{f'(x)}$ diminue en même temps que dx.

On peut dire aussi que la différence entre l'accroissement de la fonction et la différentielle est infiniment petite par rapport à ces quantités, supposées elles-mêmes infiniment petites ; car cette différence a pour expression $\alpha\, dx$, et le rapport de ce produit à dy, ou $\dfrac{\alpha}{f'(x)}$ est une quantité infiniment petite, puisque α tend vers zéro en même temps que dx.

Il est à remarquer que la définition de la différentielle

de la fonction n'implique aucune hypothèse particulière sur l'ordre de grandeur de cette quantité, qui peut aussi bien être supposée finie ou infiniment petite. Quelle que soit la grandeur attribuée dans les formules à Δx ou dx, la relation $dy = f'(x)\, dx$ subsiste toujours, puisque c'est une relation de définition.

CHAPITRE III.

AUTRE DÉFINITION DE LA DIFFÉRENTIELLE, DONNÉE PAR CERTAINS AUTEURS.

20. — Quelques auteurs ont défini la différentielle d'une fonction autrement que nous ne l'avons fait nous-même. Au lieu d'y voir le produit de la dérivée par l'accroissement de la variable indépendante, ils ont appelé différentielle l'*accroissement infiniment petit* de la fonction. La conséquence immédiate de cette définition, c'est que la différentielle n'est pas rigoureusement égale à $f'(x)dx$; car le rapport des accroissements de la fonction et de la variable, si petits qu'on les suppose, n'est pas égal à $f'(x)$, mais en diffère d'une quantité qui converge vers zéro en même temps que dx. Si donc on regarde la différentielle comme égale à $f'(x)dx$, on commet une erreur dont il est difficile d'apprécier l'influence au début d'une exposition du calcul

infinitésimal, et qu'il est bien préférable d'éviter en adoptant la définition que nous avons présentée [1]. On y trouve encore l'avantage de laisser à l'accroissement de la variable une valeur tout à fait quelconque au lieu de le supposer infiniment petit.

Afin de lever la difficulté relative à l'erreur que l'on commet en assimilant $f'(x)\,dx$ à l'accroissement de la fonction, certains auteurs en sont venus à considérer dy et dx, non plus comme des accroissements infiniment petits, mais comme de *véritables zéros* [2]. Dès lors, le rapport $\dfrac{dy}{dx}$ ou

---

[1] Nous sommes d'accord, en cela, avec d'éminents géomètres, MM. Sturm, Duhamel, etc.

Nous avons le regret de ne pas nous rencontrer avec un des savants les plus distingués de l'époque, M. Bélanger. Voici comment s'exprime cet auteur, dans son *Résumé de leçons de géométrie analytique et de calcul infinitésimal* (p. 180) : « Le troisième mode de considérer dy et dx est une « conséquence des observations précédentes. On peut assigner à dx un tel « degré de petitesse, que dy puisse, sans crainte d'erreur dans les appli- « cations ou les conséquences qu'on en tirera, être pris pour Δy, et réci- « proquement. » Un tel point de vue a, selon nous, l'inconvénient capital de donner au calcul infinitésimal l'apparence d'un calcul d'approxima- tion, tandis qu'il est tout aussi rigoureux que les opérations de l'algèbre ordinaire.

[2] On peut voir cette idée, catégoriquement formulée, dans les *Éléments de calcul différentiel et intégral* de l'estimable M. Boucharlat (pages 3 et suivantes). Le raisonnement, bien que relatif à la fonction particulière $y = x^3$, n'en est pas moins général. L'accroissement de x étant désigné par h, et celui de y par $y_1 - y$, le point de vue est développé en ces termes : « Dans l'hypothèse de $h = 0$ l'accroissement de y devenant aussi nul, « $\dfrac{y_1 - y}{h}$ se réduit à $\dfrac{0}{0}$, et par conséquent l'équation (3) (celle qui four- « nit la valeur de la dérivée) devient

$$(3) \qquad \frac{0}{0} = 3\,x^2 .$$

plutôt $\dfrac{0}{0}$ est envisagé comme synonyme de lim. $\dfrac{\Delta y}{\Delta x}$ et par suite de $f'(x)$; à la faveur de cet expédient on peut écrire :

$$\frac{dy}{dx} = f'(x) \qquad \text{ou} \qquad dy = f'(x)\,dx .$$

Mais qui ne voit là une subtilité destinée à tromper les

« Cette équation n'a rien d'absurde parce que l'algèbre nous apprend que

« $\dfrac{0}{0}$ peut représenter toutes sortes de quantités. D'ailleurs on conçoit que

« puisqu'en divisant les deux termes d'une fraction par un même nombre,
« cette fraction ne change pas de valeur, il en résulte que la petitesse des
« termes d'une fraction n'influe en rien sur sa valeur, et que, par consé-
« quent, elle peut rester la même alors que ses termes sont parvenus au
« dernier degré de petitesse, c'est-à-dire sont devenus nuls.

« La fraction $\dfrac{0}{0}$, qui se trouve dans l'équation (3), est un symbole qui a

« remplacé le rapport de l'accroissement de la fonction à celui de la va-
« riable : comme ce symbole ne laisse aucune trace de cette variable, re-

« présentons-le par $\dfrac{dy}{dx}$; alors $\dfrac{dy}{dx}$ nous rappellera que la fonction était y

« et que la variable était x, Mais dy et dx *ne seront pas moins des quan-*
« *tités nulles*, et nous aurons :

$$(4) \qquad \frac{dy}{dx} = 3\,x^2 ;$$

« $\dfrac{dy}{dx}$ ou plutôt sa valeur $3\,x^2$ est le coefficient différentiel de la fonc

« tion y.

« Remarquons que $\dfrac{dy}{dx}$ étant le signe qui représente la limite $3x^2$

« (comme le montre l'équation 4), dx doit toujours être placé sous dy
« Cependant pour faciliter les opérations de l'algèbre, on peut momenta-
« nément faire évanouir le dénominateur de l'équation (4), et l'on a
« $dy = 3x^2\,dx$. Cette expression $3x^2\,dx$ est ce qu'on appelle la différen-
« tielle de la fonction y. »

4.

yeux plutôt que l'esprit? car si les accroissements sont ramenés à l'état de purs zéros, ils n'ont plus aucun sens. Leur propre est d'être, non pas rigoureusement nuls, mais indéfiniment décroissants *sans pouvoir jamais se confondre avec zéro ;* en vertu de ce principe général qu'une variable ne peut jamais coïncider avec sa limite (n° 8). La fonction dérivée est, non l'expression du rapport de ces accroissements pris à aucun état de petitesse, mais la *limite* vers laquelle tend ce rapport. Lors donc qu'on arrive à poser $f'(x) = \lim. \dfrac{\Delta y}{\Delta x}$, les deux termes du rapport sont inséparables, et la quantité tout entière $\lim. \dfrac{\Delta y}{\Delta x}$ n'est plus qu'un symbole qui signifie proprement : *La valeur fixe vers laquelle converge le rapport de Δy à Δx quand ces accroissements diminuent indéfiniment.* Il devient illusoire, pour décomposer la quantité $\lim. \dfrac{\Delta y}{\Delta x}$, de la représenter par $\dfrac{o}{o}$ et ensuite par $\dfrac{dy}{dx}$, en ne voyant plus dans ces termes dy et dx individuellement que de purs symboles, et non des grandeurs algébriques. En outre, je le demande, quelle signification pourront avoir des relations d'une forme comme celle-ci :

$$f'(x)\, dx = o \; ,$$

qu'on rencontre fréquemment dans l'analyse ? Si dx est conçu comme exactement nul, cette relation n'est plus qu'une identité, satisfaite pour toute valeur de $f'(x)$. Lorsqu'au contraire on laisse à dx son véritable caractère d'accroissement *indéterminé,* la relation implique nécessairement qu'on ait $f'(x) = o$, ce qui est, en effet, la condition qu'on doit trouver.

C'est ce genre de conception que Lagrange avait sans doute en vue, et c'est à elle que s'adresse justement la critique que l'immortel géomètre faisait peser à tort sur la méthode des limites, lorsqu'il disait : « Mais cette méthode « (celle des fluxions) a, comme celle des limites dont nous « avons parlé plus haut, et qui n'en est que la traduction « algébrique, le grand inconvénient de considérer les quan- « tités dans l'état où elles cessent, pour ainsi dire, d'être « quantités : car, quoique l'on conçoive toujours bien le « rapport de deux quantités tant qu'elles demeurent finies, « ce rapport n'offre plus à l'esprit une idée claire et pré- « cise, aussitôt que ses termes deviennent l'un et l'autre « nuls à la fois. »

La critique serait fondée, à l'égard de la méthode des limites, si effectivement on y prenait le rapport de deux quantités qu'on supposerait nulles à la fin. Mais il ne s'agit point de cela. Ce qu'on calcule, ce n'est pas le rapport des quantités, à un état plus ou moins avancé de petitesse, mais la limite fixe vers laquelle tend ce rapport, sans jamais l'atteindre absolument, à mesure que les termes diminuent de plus en plus. Ainsi, quand j'ai trouvé que le rapport de l'accroissement d'une certaine fonction à l'accroissement de la variable est égal à $2x + p + h$ (c'est la fonction qui figure au renvoi de la page 39), je ne m'occupe point d'évaluer cette quantité en y supposant h plus ou moins petit, mais je conclus immédiatement que la limite vers laquelle tend le rapport, à mesure que h décroît, est $2x + p$; en sorte que $2x + p$ représente la dérivée cherchée ; et ce résultat est dégagé de toute considération de quantité prise « *dans l'état où elle cesse, pour ainsi dire, d'être quantité.* »

Il n'est pas douteux que Lagrange, lorsqu'il dirigeait cette critique contre la conception des limites, ne l'avait pas suffisamment distinguée de celles qui en prenaient les apparences pour déguiser leur erreur fondamentale.

CHAPITRE IV.

21. — La relation précédemment trouvée

$$\Delta y = [f'(x) + \alpha] \, \Delta x$$

permet de déduire plusieurs conséquences intéressantes.

1° Lorsque la variable reçoit, à partir d'une certaine valeur x, un accroissement suffisamment petit, l'accroissement qui en résulte pour la fonction est positif ou négatif, selon que la dérivée est elle-même positive ou négative pour la valeur initiale de la variable.

En effet, la quantité entre parenthèses se compose de deux termes $f'(x)$ et α, dont le second peut être rendu aussi petit qu'on veut, par rapport au premier, en prenant Δx convenablement réduit. Le signe de la parenthèse est donc déterminé par celui de $f''(x)$.

Ainsi la fonction y croît ou décroît pendant un certain temps, à partir de la valeur x, selon que la dérivée est positive ou négative pour cette valeur.

2° Si la dérivée s'annule en changeant de signe, pour une certaine valeur de la variable, c'est-à-dire si la dérivée étant, par exemple, positive pour des valeurs de la variable un peu inférieures, devient négative pour des valeurs un peu supérieures, la fonction donnée passe par un *maximum*, c'est-à-dire par une valeur plus grande que toutes celles qui précèdent ou qui suivent immédiatement.

C'est une conséquence de ce que le signe de l'accroissement de la fonction dépend de celui de la dérivée. Il en résulte que la fonction donnée croît jusqu'à la valeur qui annule la dérivée, et décroît au delà de cette valeur.

Le contraire aurait lieu et la fonction passerait par une valeur minimum si la dérivée était d'abord négative et ensuite positive.

3° Si la dérivée est nulle pour toutes les valeurs de la variable comprises dans un intervalle donné, la fonction est constante dans cet intervalle.

Car on peut faire croître x par degrés assez rapprochés pour que la quantité α correspondant à chacun des accroissements imprimés à x soit moindre qu'une valeur ε, aussi petite d'ailleurs qu'on voudra la supposer. Dès lors, chaque accroissement de la fonction sera moindre que $\varepsilon\Delta x$, et la somme de ces accroissements ou l'accroissement total reçu par la fonction dans l'intervalle supposé, sera moindre que εl, en désignant par l cet intervalle. Or, ε pouvant être pris indéfiniment petit, et l étant une quantité finie, le produit εl

peut être réduit au delà de toute limite : ce qui revient à dire que la fonction n'a pas varié pendant tout l'intervalle en question.

4° Si la fonction donnée croît constamment dans un certain intervalle, la dérivée ne peut jamais prendre dans cet intervalle de valeur négative.

Car au moment où la dérivée deviendrait négative, la fonction décroîtrait pendant un certain temps ; ce qui est contraire à l'hypothèse.

De même, si la fonction donnée décroît constamment, la dérivée est toujours négative.

Rien n'empêche d'ailleurs que la dérivée passe une ou plusieurs fois par la valeur zéro. Ce qu'il faut, c'est qu'elle ne change pas de signe en s'annulant.

5° Lorsque deux fonctions sont égales, quelles que soient les valeurs attribuées à la variable indépendante, les dérivées sont aussi égales.

Car si, pour une certaine valeur de la variable, il existait entre les dérivées une différence quelconque, les accroissements des deux fonctions différeraient nécessairement ; puisqu'ils sont respectivement égaux au produit de la dérivée par l'accroissement de la variable, plus un terme additionnel qui peut être rendu aussi petit qu'on le veut par rapport à ce produit. Dès lors les valeurs des fonctions, correspondant à cet accroissement de la variable, cesseraient d'être égales ; ce qui est contraire à l'hypothèse.

La même proposition subsiste évidemment quand les fonctions données ont entre elles une différence constante.

6° Réciproquement, si les dérivées de deux fonctions sont égales, pour toutes les valeurs de la variable, les fonctions ne peuvent différer que d'une quantité constante.

22. — L'accroissement, la dérivée et la différentielle d'une fonction sont susceptibles d'une représentation géométrique.

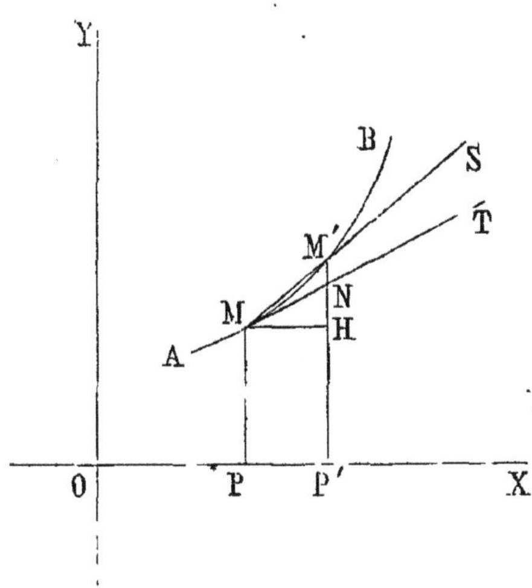

Fig. 1.

Considérons la fonction et la variable comme les deux coordonnées d'une courbe ayant pour équation $y = f(x)$. Soit AB (fig. 1) cette courbe, et M un point quelconque répondant à deux valeurs x et y des coordonnées. Prenons un point voisin M', et désignons ses coordonnés par $x + \Delta x$ et $y + \Delta y$. Les accroissements Δx et Δy seront respectivement représentés sur la figure par les longueurs PP' ou MH et M'H.

Le rapport $\dfrac{\Delta y}{\Delta x}$ ou $\dfrac{M'H}{MH}$ ne sera autre chose que la tangente trigonométrique de l'angle formé par la sécante MM'S avec l'axe des x. Si Δx et Δy diminuent indéfiniment, le point M' se rapprochera de plus en plus du point M, et la sécante MS tendra à se confondre avec la tangente MT.

Le rapport $\dfrac{\Delta y}{\Delta x}$, qui ne cesse pas d'être représenté par la tangente trigonométrique de l'angle formé par MS, dans toutes ses positions, aura pour limite la valeur de la tangente trigonométrique de l'angle formé par la droite MT. La dérivée ou le quotient différentiel, correspondant à une valeur x de la variable, mesure donc l'inclinaison, sur l'axe des x, de la tangente menée à la courbe par le point qui a pour abscisse cette valeur de la variable. On voit en même temps que la différentielle de la fonction, ou $f'(x)\,dx$, est figurée par NH, et que la seconde partie de l'accroissement, ou αdx, est figurée par M'N.

Ainsi l'accroissement de l'ordonnée de la courbe représente l'accroissement de la fonction, et l'accroissement de l'ordonnée de la tangente représente la différentielle. Ces ordonnées tendent de plus en plus à se confondre, à mesure que les deux points se rapprochent davantage, et leur rapport a pour limite l'unité.

CHAPITRE V.

RECHERCHE DES DÉRIVÉES ET DIFFÉRENTIELLES : NATURE
DU PROBLÈME. — DÉCOMPOSITION DES FONCTIONS
EN ÉLÉMENTS SIMPLES.

23. — Reprenons maintenant le problème algébrique de la recherche de la dérivée ou de la différentielle d'une fonction quelconque.

La définition même de la dérivée indique la nature des opérations à effectuer. Le rapport $\dfrac{\Delta y}{\Delta x}$ n'est autre que $\dfrac{f(x + \Delta x) - f(x)}{\Delta x}$. Pour trouver la limite vers laquelle converge cette quantité, à mesure que Δx diminue, il faut faire la substitution de $x + \Delta x$ à x dans la fonction donnée, développer le polynôme qui en résulte, en retrancher $f(x)$, diviser le reste par Δx, et voir quelle est la limite du quotient ainsi obtenu, lorsque Δx tend vers zéro. Il est évident que la limite de chacun des termes qui composent ce quotient est précisément la valeur que prend le terme quand on y suppose Δx nul. Telle est l'hypothèse qu'il faut introduire dans l'expression développée du rapport $\dfrac{\Delta y}{\Delta x}$.

Soit, par exemple, la fonction

$$y = x^2 + \frac{a}{x} + b \ .$$

Le rapport $\dfrac{\Delta y}{\Delta x}$ est ici égal à

$$\frac{(x + \Delta x)^2 + \dfrac{a}{x + \Delta x} + b - \left(x^2 + \dfrac{a}{x} + b \right)}{\Delta x} \ .$$

En développant les calculs indiqués et effectuant les réductions qui en ressortent, la fraction devient

$$\frac{2x\,\Delta x + \Delta x^2 - \dfrac{a\,\Delta x}{x\,(x + \Delta x)}}{\Delta x} \ , \quad \text{ou} \quad 2x + \Delta x - \frac{a}{x\,(x + \Delta x)} \ .$$

La limite vers laquelle converge cette quantité, quand Δx tend vers zéro, est évidemment $2x - \dfrac{a}{x^2}$, qui est l'expression finale de la dérivée.

24. — Les fonctions pouvant avoir les formes les plus diverses, et, par suite, les opérations algébriques pouvant devenir extrêmement compliquées, on a dû rechercher des procédés généraux qui permissent de ramener le calcul d'une dérivée quelconque à celui d'un certain nombre de dérivées particulières.

Au premier abord, un tel objet semble chimérique, car les fonctions affectent toutes sortes d'expressions, sans aucun rapport les unes avec les autres. Mais cette difficulté cesse de paraître insurmontable, si l'on remarque que les fonctions présentent, malgré leur diversité, les mêmes opérations fondamentales. Il faut toujours en arriver, en dernier ressort, à des additions, des soustractions, des multiplications, des logarithmes, etc., qui sont comme les éléments constitutifs de toute fonction. Ces opérations finales sont d'ailleurs *irréductibles;* je veux dire par là qu'on ne peut les remplacer par d'autres ni les décomposer en opérations plus simples. Elles ont chacune leur nécessité, puisée dans la conformation même de l'esprit humain.

On entrevoit, dès lors, la possibilité de décomposer les fonctions, si compliquées qu'en soient les formes, en un certain nombre d'éléments primitifs, toujours les mêmes ; et par suite de déduire leurs dérivées de celles de ces mêmes fonctions élémentaires.

On appelle fonctions *simples* celles dans lesquelles la variable se trouve engagée par *une seule* des opérations fondamentales de l'analyse. En d'autres termes, les fonctions simples sont l'expression même de ces opérations, désignées généralement sous le nom d'*algorithmes*. Les algorithmes ou les fonctions correspondantes sont, dans l'état présent de nos connaissances, au nombre de dix, réciproques deux à deux l'une de l'autre, et pouvant dès lors être rangées en cinq groupes binaires, dont voici le tableau :

$$1^{\text{er}} \text{ GROUPE.} \quad \begin{cases} y = a + x \quad , & \text{fonction } somme; \\ y = a - x \quad , & \text{fonction } différence; \end{cases}$$

$$2^{\text{e}} \text{ GROUPE.} \quad \begin{cases} y = ax \quad , & \text{fonction } produit; \\ y = \dfrac{a}{x} \quad , & \text{fonction } quotient; \end{cases}$$

$$3^{\text{e}} \text{ GROUPE.} \quad \begin{cases} y = x^{a} \quad , & \text{fonction } puissance; \\ y = \sqrt[a]{x} \quad , & \text{fonction } racine; \end{cases}$$

$$4^{\text{e}} \text{ GROUPE.} \quad \begin{cases} y = a^{x} \quad , & \text{fonction } exponentielle; \\ y = \log x \quad , & \text{fonction } logarithmique; \end{cases}$$

$$5^{\text{e}} \text{ GROUPE.} \quad \begin{cases} y = \sin x \quad , & \text{fonction } circulaire\ directe; \\ y = \operatorname{arc}\sin x \quad , & \text{fonction } circulaire\ inverse. \end{cases}$$

Nous ne mentionnons pas les fonctions $\cos x$, $\operatorname{arc}\cos x$, $\operatorname{tang} x$, $\operatorname{arc tang} x$ etc., parce qu'elles rentrent dans $\sin x$ et $\operatorname{arc}\sin x$ [1].

Ces fonctions simples se combinent de mille manières pour constituer des fonctions d'une forme plus ou moins

[1] La définition que nous avons donnée des fonctions simples ne signifie pas que la variable ne figure qu'*une fois* dans la fonction, mais bien qu'elle n'est l'objet que d'*une seule opération*, ce qui est fort différent. Ainsi $\sqrt{1 + x}$ n'est pas une fonction simple, parce que la variable s'y trouve engagée 1° par voie d'addition, 2° par voie d'extraction de racine. Au contraire $\left(\sqrt{1 + a}\right)^{m}$. x est une fonction simple de x, parce que x n'est engagée que par voie de produit. De même $\sin \dfrac{x}{a}$ n'est pas une fonction simple, et $\dfrac{\log a \sin b}{x}$ en est une.

compliquée, mais à travers cette diversité les éléments primitifs restent les mêmes [1].

[1] « L'introduction, dans l'analyse, d'une autre fonction abstraite élé-
« mentaire, ou plutôt d'une autre couple de fonctions (car chacune serait
« toujours accompagnée de son inverse), suppose nécessairement la créa-
« tion simultanée d'une nouvelle opération arithmétique, ce qui est
« certainement fort difficile. » (Auguste Comte, *Philosophie positive*,
t. I, p. 137.)

CHAPITRE VI.

DIFFÉRENTIATION DES FONCTIONS SIMPLES.

25. — Le calcul des dérivées des fonctions simples est une affaire de pure algèbre, qui ne présente d'ailleurs aucune difficulté spéciale. Nous nous bornerons à indiquer les résultats, en renvoyant, pour le détail des opérations, aux traités de calcul proprement dits.

Les valeurs des dérivées et des différentielles sont consignées dans le tableau suivant :

| | FONCTIONS SIMPLES. | DIFFÉRENTIELLES. | DÉRIVÉES [1]. |

$$1^{er}\ \text{GROUPE.} \begin{cases} y = a + x\ , & dy = dx\ , & f'(x) = 1\ ; \\[2mm] y = a - x\ , & dy = -\,dx\ , & f'(x) = -\,1\ ; \end{cases}$$

$$2^{e}\ \text{GROUPE.} \begin{cases} y = ax\ , & dy = a\,dx\ , & f'(x) = a\ ; \\[3mm] y = \dfrac{a}{x}\ , & dy = -\,\dfrac{a\,dx}{x^2}\ , & f'(x) = -\,\dfrac{a}{x^2}; \end{cases}$$

$$3^{e}\ \text{GROUPE.} \begin{cases} y = x^{a}\ , & dy = a\,x^{a-1}\,dx\ , & f'(x) = a x^{a-1}\ ; \\[3mm] y = \sqrt[a]{x}\ , & dy = \dfrac{1}{a} x^{\frac{1}{a}-1}\,dx\ , & f'(x) = \dfrac{1}{a} x^{\frac{1}{a}-1}\ ; \end{cases}$$

$$4^{e}\ \text{GROUPE.} \begin{cases} y = a^{x}\ , & dy = a^{x}\, l\, a\,dx\,[2], & f'(x) = a^{x}\, l\, a\ ; \\[3mm] y = \log x\,[3]\ , & dy = \log e\,\dfrac{dx}{x}\ , & f'(x) = \dfrac{\log e}{x}\ ; \end{cases}$$

$$5^{e}\ \text{GROUPE.} \begin{cases} y = \sin x\ , & dy = \cos x\,dx\ , & f'(x) = \cos x\ ; \\[3mm] y = \arcsin x\ , & dy = \dfrac{dx}{\sqrt{1-x^2}}\ , & f'(x) = \dfrac{1}{\sqrt{1-x^2}}. \end{cases}$$

Les règles relatives à la formation de ces différentielles ont susceptibles d'être exprimées d'une manière simple

[1] La dérivée est égale, comme on sait, à la différentielle divisée par dx.

[2] Le logarithme est pris dans le système népérien, dont la base est le nombre $e = 2{,}71828$ .... On indique les logarithmes de ce système par la caractéristique l.

[3] Le logarithme appartient à un système quelconque; on l'indique par la caractéristique log.

en langage ordinaire. Il suffit de jeter un coup d'œil sur les formules pour en déduire les énoncés. Ainsi, la dérivée d'un logarithme (pris dans un système quelconque) est égale à un nombre constant (log. e) divisé par la variable ; la dérivée d'une puissance s'obtient en diminuant l'exposant d'une unité et multipliant par l'exposant primitif ; la dérivée d'un sinus a pour valeur le cosinus, etc., etc.

CHAPITRE VII.

DIFFÉRENTIATION DES FONCTIONS COMPOSÉES : THÉORÈME FONDAMENTAL.

26. — La différentiation des fonctions *composées* (formées, comme nous l'avons déja dit, par des combinaisons de fonctions simples) se ramène à celle des fonctions simples au moyen du théorème général suivant :

Si y est une fonction *médiate* de x, c'est-à-dire si l'on a

$$y = f(u, v, w\ldots),$$

u, v, $w\ldots$, étant respectivement des fonctions de x, la différentielle de y par rapport à x s'obtient en prenant la différentielle de $f(u, v, w\ldots)$, successivement par rapport à u, v, $w\ldots$, considérées tour à tour comme des variables indépendantes, et en ajoutant les résultats ainsi obtenus. En d'autres termes, je dis qu'on aura :

$$dy = \frac{df}{du}\, du + \frac{df}{dv}\, dv + \frac{df}{dw}\, dw + \ldots\ldots ;$$

la quantité $\dfrac{df}{du}$ représente la dérivée prise par rapport à u, comme si u était la variable indépendante, et comme si v, w..., étaient des constantes ; de même $\dfrac{df}{dv}$ représente la dérivée par rapport à v, comme si u, w..., étaient des constantes ; et ainsi de suite. Quant aux différentielles du, dv, dw..., qui multiplient ces dérivées, elles résultent de la variation de x dans les diverses fonctions qui représentent respectivement les quantités u, v, w...

D'après ce théorème, la différentielle de la fonction y sera obtenue sous cette double condition :

1° Qu'on sache différentier y par rapport à chacune des quantités u, v, w...

2° Qu'on sache différentier u, v, w..., par rapport à x.

Afin de simplifier le raisonnement, prenons le cas de deux variables seulement, u et v. Soit donc $y = f(u, v)$.

Je suppose que x reçoive un accroissement Δx. Les quantités y, u et v, qui en sont fonction, recevront des accroissements correspondants que je désigne respectivement par Δy, Δu, Δv ; et l'on aura :

$$\Delta y = f(u + \Delta u, v + \Delta v) - f(u, v).$$

Le résultat serait le même si, au lieu de faire varier x *simultanément* dans les fonctions u et v, on la faisait varier *successivement* dans chacune d'elles. En opérant la variation d'abord dans u, par exemple, la fonction y devient $f(u + \Delta u, v)$, et il se produit un premier accroissement égal à $f(u + \Delta u, v) - f(u, v)$. Si l'on fait ensuite varier x dans v, la fonction y, qui était, comme nous avons vu, $f(u + \Delta u, v)$, devient maintenant $f(u + \Delta u, v + \Delta v)$, et il en résulte un deuxième accroissement représenté par $f(u + \Delta u, v + \Delta v) - f(u + \Delta u, v)$. L'accroissement total de y, qui est la somme de ces deux accroissements successifs, a pour valeur :

$$f(u + \Delta u, v) - f(u, v)$$
$$+ f(u + \Delta u, v + \Delta v) - f(u + \Delta u, v).$$

Remarquons en passant que cette expression se réduit à celle que nous avions immédiatement obtenue en faisant varier x à la fois dans u et dans v. Mais la forme différente à laquelle nous conduit la variation successive va nous permettre de faire ressortir le théorème que nous avons énoncé.

Le rapport $\dfrac{\Delta y}{\Delta x}$ peut s'écrire ainsi :

$$\frac{\Delta y}{\Delta x} = \frac{f(u + \Delta u, v) - f(u, v)}{\Delta u} \times \frac{\Delta u}{\Delta x}$$
$$+ \frac{f(u + \Delta u, v + \Delta v) - f(u + \Delta u, v)}{\Delta v} \times \frac{\Delta v}{\Delta x}.$$

Si l'on fait décroître Δx indéfiniment, les rapports $\dfrac{\Delta y}{\Delta x}$, $\dfrac{\Delta u}{\Delta x}$ et $\dfrac{\Delta v}{\Delta x}$ convergeront respectivement vers les dérivées de y, u et v, prises par rapport à x, c'est-à-dire vers $\dfrac{dy}{dx}$, $\dfrac{du}{dx}$ et $\dfrac{dv}{dx}$. Quant à la fraction $\dfrac{f(u + \Delta u, v) - f(u, v)}{\Delta u}$, il est visible qu'elle aura pour limite la dérivée de la fonction $f(u, v)$, prise par rapport à u, comme si u était la variable indépendante et v une constante. Cela résulte de ce que Δu converge vers zéro en même temps que Δx. La limite de cette expression peut donc se désigner par $\dfrac{df}{du}$. L'autre fraction $\dfrac{f(u + \Delta u, v + \Delta v) - f(u + \Delta u, v)}{\Delta v}$ converge, de son côté, vers la valeur de la dérivée de $f(u, v)$, prise par rapport à v ; car si l'on considère u comme constante, la limite de cette fraction est évidemment la dérivée de $f(u + \Delta u, v)$, fonction qui n'est autre que $f(u, v)$ quand Δx et par suite Δu est ramené à zéro. On peut donc la représenter par $\dfrac{df}{dv}$. Dès lors, l'équation précédente conduit à celle-ci :

$$\frac{dy}{dx} = \frac{df}{du} \cdot \frac{du}{dx} + \frac{df}{dv} \cdot \frac{dv}{dx}.$$

En multipliant tous les termes par dx, et remarquant que les produits des dérivées $\dfrac{dy}{dx}, \dfrac{du}{dx}, \dfrac{dv}{dx}$, par l'accroissement dx, sont égaux aux différentielles de y, de u et de v, on obtient la relation annoncée :

$$dy = \frac{df}{du}\, du + \frac{df}{dv}\, dv \, {}^{(1)},$$

---

[1] Il faut bien remarquer que, dans le second membre, la quantité du, qui figure en multiplicateur et en dénominateur, n'a pas la même signification dans les deux cas, et que, par suite, le terme $\dfrac{df}{du}\, du$ ne peut pas

qu'on peut écrire également ainsi :

$$dy = \frac{dy}{du}\,du + \frac{dy}{dv}\,dv\,;$$

en ayant soin de distinguer la différence de signification de dy dans les deux membres. Dans le premier, dy représente la différentielle de y provenant de la variation de x *à la fois* dans u et dans v ; dans le second membre, dy représente la différentielle de y provenant de la variation de x dans *une seule* des fonctions u ou v.

27. — On aperçoit sans peine que ce théorème fournit les moyens de ramener la différentiation d'une fonction quelconque à celle des fonctions simples ; car quelle que soit la nature d'une fonction, c'est-à-dire de quelque manière qu'elle soit formée avec la variable, ce ne peut jamais être que par un ensemble d'opérations ayant toutes le caractère de celles qui donnent lieu aux fonctions simples. Ces opérations peuvent être isolées les unes des autres ou superposées les unes aux autres [1], et produire des termes

se remplacer simplement par df. En effet $\frac{df}{du}$ signifie que la dérivée est prise par rapport à u, comme si u était une variable indépendante ; et le multiplicateur du représente la différentielle de u, telle qu'elle résulte de la variation de x dans la fonction désignée par u. — La même remarque s'applique au terme $\frac{df}{dv}\,dv$.

[1] J'appelle *isolées* des opérations qui peuvent s'effectuer *indépendamment* les unes des autres, et *superposées* celles qui se commandent entre elles, de telle sorte qu'on ne peut les effectuer que *l'une après l'autre*. Ainsi $x^m \log x$ indique des opérations isolées , parce que , si on connaissait la valeur de x , les quantités x^m et $\log x$ pourraient se calculer

plus ou moins compliqués ; mais on retrouve toujours les
mêmes éléments constitutifs. Si donc on représente par autant de variables, fonctions de x, les diverses fonctions simples qui correspondent aux opérations indiquées dans la
fonction donnée, on aura une fonction composée d'un certain nombre de variables, fonctions de x ; et la différentiation en sera ramenée, d'après le théorème précédent, à
celle de chacune de ces fonctions, c'est-à-dire à la différentiation des fonctions simples elles-mêmes.

Quelques exemples éclairciront notre pensée.

Soit en premier lieu une fonction à opérations isolées,
dont un terme quelconque sera, par exemple :

$$\frac{ax^3 \log x}{b^x}.$$

Posons :

$$ax^3 = u \quad , \quad \log x = v \quad , \quad b^x = z ;$$

le terme en question deviendra :

$$\frac{u\,v}{z}.$$

La différentielle s'obtiendra : 1° en différentiant le terme
successivement par rapport à u, v et z, considérées tour à
tour comme variables indépendantes ; 2° en multipliant
les dérivées ainsi obtenues par les différentielles de u, v
et z, prises par rapport à x.

séparément. Au contraire $\sqrt[n]{1 + x^m}$ représente des opérations superposées, parce qu'on ne peut calculer la racine $n^{ième}$ qu'après avoir cal-
culé x^m.

Or, d'une part, les variables u, v et z n'entrant dans le terme ci-dessus que par des opérations simples, on saura sans difficulté obtenir les dérivées par rapport à ces variables; d'autre part, chacune de ces variables ne représentant qu'une fonction simple de x, on saura également en prendre la différentielle par rapport à x.

On obtiendra donc la différentielle cherchée.

Considérons en second lieu une fonction à opérations superposées, dont un terme sera par exemple :

$$\sin x \cdot (a \log x)^m$$

Posons :

$$\sin x = u \quad , \quad a \log x = v \quad , \quad v^m = z \quad ;$$

ce terme pourra s'écrire :

$$u z .$$

Les opérations relatives à u ne présenteront aucune difficulté nouvelle, puisqu'on se trouve dans le même cas que précédemment. En ce qui concerne z, on aura : 1° à prendre la dérivée par rapport à cette variable, considérée comme indépendante, ce qui est encore l'application du cas précédent ; 2° à prendre la différentielle de z. Ici, la chose est nouvelle, car z n'est pas une fonction immédiate de u, puisque $z = v^m$, v étant elle-même fonction de x. Mais raisonnant par rapport à z, comme pour les fonctions à opérations isolées, on déduit $dz = m\, v^{m-1}\, dv$, et tout consiste à trouver dv, ce qui est aisé, puisque v est une fonction immédiate de x.

Théoriquement donc, on n'aura aucune difficulté à opérer

la différentiation d'une fonction quelconque d'une seule variable indépendante.

Ainsi se trouve confirmée, *à posteriori*, la proposition que nous avons établie touchant l'existence d'une dérivée pour toute fonction continue. Nous voyons de plus que non-seulement cette dérivée existe, mais encore qu'on sait l'obtenir sous une forme analytique. C'est là un pas nouveau, bien important ; car il ne suffisait pas d'être assuré que le rapport de l'accroissement d'une fonction à l'accroissement de la variable converge vers une limite finie : il fallait démontrer aussi que cette limite est toujours exprimable au moyen des algorithmes connus, ce que rien, *à priori*, ne permettait de supposer [1].

---

[1] On donne assez souvent une démonstration fort incomplète, et même vicieuse, de l'existence de la dérivée. On construit la courbe représentée par l'équation $y = f(x)$, et après avoir remarqué que la dérivée exprime la valeur de la tangente trigonométrique de l'angle formé par la tangente à la courbe avec l'axe des x, on en conclut que, toute courbe ayant une tangente en un point quelconque, toute fonction a une dérivée pour une valeur quelconque de la variable. Cette démonstration présente les défauts suivants :

1° On a recours à une représentation géométrique, ce qui est propre à restreindre le point de vue général auquel il faut considérer les fonctions ;

2° On affirme que toute courbe a une tangente, ce qui n'est pas plus évident que la conclusion même qu'on en veut tirer : savoir que toute équation a une dérivée ; car si la courbe a une tangente, c'est précisément parce que son équation porte sur une fonction *continue*. C'est donc dans la continuité qu'il faut chercher la raison d'être de la tangente, et dès lors mieux vaut donner tout de suite la démonstration purement analytique que nous avons présentée d'après M. Duhamel.

3° De ce que la dérivée a une valeur déterminée, il ne s'ensuit pas qu'elle existe *analytiquement*, c'est-à-dire qu'elle soit susceptible d'être exprimée avec les algorithmes connus. Cela ne peut résulter que des considérations *à posteriori* que nous avons fait ressortir.

Conséquences.

28. — 1° La différentielle d'une somme de fonctions est égale à la somme des différentielles de ces fonctions.

C'est une application évidente du théorème général.

2° La différentielle d'un produit de plusieurs fonctions est égale à la somme des produits obtenus en multipliant la différentielle de chaque fonction par le produit de toutes les autres. Ainsi on doit avoir :

$$d\,(u\,v\,z\,\dots) = v\,z\,\dots\,du + u\,z\,\dots\,dv + u\,v\,\dots\,dz + \dots$$

En effet, pour obtenir la différentielle du produit $uvz\dots$, il faut différentier ce produit successivement par rapport à u, v, $z\dots$, comme si chacune de ces quantités était seule variable et toutes les autres constantes. La différentiation par rapport à u, par exemple, donne pour résultat $vz\dots$ (quantité considérée comme constante), multipliée par la différentielle de u, c'est-à-dire $vz\dots\ du$. De même pour chacune des autres fonctions.

3° La différentielle d'un quotient s'obtient en formant le produit du dénominateur par la différentielle du numérateur, en en retranchant le produit du numérateur par la différentielle du dénominateur, et divisant par le carré du dénominateur. Ainsi :

$$d\left(\frac{u}{v}\right) = \frac{v\,du - u\,dv}{v^2}\,.$$

Car la différentielle de la fonction $\dfrac{u}{v}$, prise par rapport à u, comme si v était constant, donne $\frac{1}{v}\,du$. La différentielle par rapport à v, comme si u était constant, donne $-\frac{u}{v^2}\,dv$. La somme de ces deux quantités, ou la différentielle du quotient $\frac{u}{v}$ par rapport à la variable indépendante, a pour expression :

$$\frac{1}{v}\,du - \frac{u}{v^2}\,dv \qquad \text{ou} \qquad \frac{v\,du - u\,dv}{v^2}\,.$$

4° La dérivée d'une fonction de fonction est égale au produit des dérivées de ces fonctions. Soit, par exemple, $y = f(u), u = \varphi(x)$; je dis qu'on aura :

$$\frac{dy}{dx} = \frac{df}{du} \times \frac{d\varphi}{dx}\,, \qquad \text{ou} \qquad \frac{dy}{dx} = \frac{dy}{du}\cdot\frac{du}{dx}\,;$$

Relation dans laquelle $\frac{dy}{dx}$ représente la dérivée de y par rapport à x, $\frac{dy}{du}$ la dérivée de y, prise par rapport à u comme si u était la variable indépendante, et $\frac{du}{dx}$ la dérivée de u par rapport à x.

En effet, d'une manière générale, nous avons :

$$dy = \frac{df}{du}\,du\,, \qquad \text{ou} \qquad dy = \frac{dy}{du}\,du\,;$$

et du représente la différentielle de u, telle qu'elle résulte de la variation de x dans la fonction qu'elle représente : donc $du = \frac{du}{dx}\,dx$. Par suite,

$$dy = \frac{dy}{du} \cdot \frac{du}{dx}\, dx\ ;$$

d'où enfin la proposition énoncée.

On peut écrire également :

$$\frac{dy}{du} = \frac{\dfrac{dy}{dx}}{\dfrac{du}{dx}}\ ;$$

ce qui signifie que la dérivée de y, prise par rapport à u, comme si u était la variable indépendante, est égale au quotient des dérivées de y et de u, prises par rapport à la véritable variable indépendante x.

29. — Ces diverses règles [1] permettent de trouver les dérivées d'une façon plus expéditive qu'en mettant en évidence toutes les variables auxiliaires auxquelles nous avons eu recours dans les exemples du n° 27.

Si la fonction donnée comprend, je suppose, une somme de termes, — ce qui est assez général, — il est inutile de remplacer chacun d'eux par une variable spéciale pour effectuer la différentiation : il suffit de les différentier séparément, et de faire la somme des résultats ainsi obtenus. Si l'on est ensuite en présence d'un terme tel que celui du n° 27, soit :

---

[1] On est dans l'usage de donner des démonstrations directes pour les divers cas particuliers que nous venons de passer en revue, sans les rattacher au théorème général des fonctions composées, dont ils ne sont pourtant que des conséquences immédiates. Cette manière de procéder nous semble peu philosophique.

$$\frac{a\,x^{3}\,\log x}{b^{x}},$$

on sait que la différentielle est égale, d'après la troisième conséquence, à

$$\frac{b^{x}\,d\,(ax^{3}\,\log x)\;-\;ax^{3}\,\log x\;\;d\,(b^{x})}{(b^{x})^{2}}.$$

On développe les différentielles indiquées, au moyen de la deuxième conséquence. Ainsi :

$$d\,(ax^{3}\,\log x) = \log x\,d\,(ax^{3}) + ax^{3}\,d\,(\log x) =$$
$$= (3\,ax^{2}\,\log x + ax^{2}\,\log e)\,dx\,.$$

Nous ne pousserons pas plus loin le calcul, qui n'offre aucune difficulté. Cet exemple suffit à montrer qu'avec une certaine habitude des procédés, on parvient à effectuer rapidement les différentiations de fonctions compliquées, sans même avoir besoin de recourir à des variables auxiliaires.

CHAPITRE VIII.

DIFFÉRENTIATION DES FONCTIONS IMPLICITES.

30. — Nous avons supposé, jusqu'à présent, que l'équation entre x et y était résolue par rapport à y. Supposons ici que cette résolution préalable n'ait pas été effectuée, et que y soit une fonction implicite de x, déterminée par une équation de la forme

$$f(x , y) = 0 .$$

Il s'agit de trouver la dérivée de y par rapport à x, sans résoudre l'équation.

C'est à quoi l'on parvient par une application immédiate du théorème des fonctions composées ; car y étant fonction de x, on peut considérer $f(x, y)$ comme une fonction de deux variables, fonctions de x, analogue à $f(u, v)$ sur laquelle nous raisonnions précédemment. Mais cette fonction étant nulle en vertu de l'équation supposée $f(x, y) = 0$, il en résulte que la dérivée est aussi nulle ; de sorte qu'on a :

$$\frac{df}{dx}\, dx + \frac{df}{dy}\, dy = 0 \; ;$$

$$\text{d'où} \qquad \frac{dy}{dx} = -\frac{\dfrac{df}{dx}}{\dfrac{df}{dy}} .$$

Ainsi la dérivée de y par rapport à x est égale, en signe contraire, au quotient des deux dérivées de la fonction donnée, prises successivement par rapport à x et à y. Or, le calcul de ces deux dérivées ne nécessite pas que l'équation soit résolue par rapport à y.

CHAPITRE IX.

[DÉRIVÉES ET DIFFÉRENTIELLES DE DIVERS ORDRES.

31. — La dérivée d'une fonction étant elle-même une fonction, on est naturellement amené à considérer la dérivée de cette dérivée, et à la rattacher à la fonction primitive. On la nomme dérivée *seconde* de la fonction primitive. De même la dérivée de la dérivée seconde forme la dérivée *troisième*, etc., etc. En général, la dérivée d'un certain ordre est la dérivée de la dérivée de l'ordre précédent. Elles sont distinguées, dans les formules, par des accents en nombre égal à celui qui marque l'ordre de la dérivation. Ainsi $f''(x)$, $f'''(x)$, . . . représentent respectivement les dérivées seconde, troisième, etc.

Les différentielles sont l'objet d'une succession analogue. On a des différentielles *seconde, troisième,* etc., qui sont, chacune, la différentielle de la différentielle précédente. La différentielle $n^{\text{ième}}$ désigne la différentielle de la différentielle $n - 1^{\text{ième}}$. On les distingue dans les formules en inscrivant à droite de la caractéristique d le numéro d'ordre de la différentiation. Ainsi d^2y, d^3y, etc., représentent les divers ordres de différentielles de la fonction primitive.

La définition de la différentielle première (simplement nommée différentielle) entraîne la relation

$$dy = f'(x)\, dx\ ;$$

ou plutôt cette relation n'est que l'expression même de la définition (n° 19).

La définition des différentielles seconde, troisième, etc., n'entraîne, immédiatement, aucune relation analogue. En effet, la différentielle seconde, par exemple, n'est point définie *le produit de la dérivée seconde par l'accroissement de la variable* [1], mais bien la différentielle de la différentielle première ; ce qui est tout différent. Pour

---

[1] Evidemment rien n'empêcherait de considérer des différentielles ainsi définies, et d'appeler différentielle du $n^{\text{ième}}$ ordre le produit de la dérivée $n^{\text{ième}}$ par l'accroissement de la variable indépendante. Toute définition est, de sa nature, arbitraire ; il suffit, une fois qu'on l'a établie, d'y rester fidèle par la suite. Mais cette condition, dont se contente la pure logique, ne suffit point pour les sciences. Il faut encore que les objets définis soient utiles à considérer, c'est-à-dire qu'ils correspondent à des réalités phénoménales. Sans cela l'étude des objets définis serait sans application possible. C'est à ce rôle stérile que seraient réduites les différentielles des divers ordres, définies comme nous venons de le dire. Tandis qu'au contraire les différentielles, telles qu'on les a adoptées, correspondent, comme il sera facile de s'en convaincre, à des réalités intéressantes, ou s'introduisent naturellement dans les formules mathématiques des phénomènes.

6.

déduire de là une relation quelconque, entre la différentielle et la dérivée, il est nécessaire de savoir effectuer
les opérations indiquées par la définition, c'est-à-dire de
savoir trouver la différentielle d'une différentielle.

C'est à quoi nous réussirons aisément au moyen des
propositions déjà démontrées.

Cherchons, par exemple, la différentielle de dy ou de
$f'(x)\,dx$.

On sait, d'après la règle relative à la différentiation des
produits de fonctions, que $d\,[f'(x) \times dx]$ est égal à

$$dx \, . \, d f'(x) + f'(x)\, d\,dx \; .$$

Si nous supposons, ce qui est toujours permis, que les
accroissements attribués à la variable indépendante x
soient égaux, ou que dx soit constant, la différentielle de
dx sera nulle, et par suite le second terme de la quantité
ci-dessus disparaîtra. Quant à la différentielle de $f'(x)$,
elle est égale, en vertu de la définition générale des différentielles premières, au produit de l'accroissement dx par
la dérivée de $f'(x)$ ou par $f''(x)$, c'est-à dire à $f''(x)\,dx$.
On a donc :

$$d\,(dy) \quad \text{ou} \quad d^2 y = d\,[f'(x)\,dx] = f''(x)\,dx^2 \; .$$

On trouverait de même :

$$d^3 y = f'''(x)\,dx^3 \; ;$$

et en général

$$d^n y = f^{(n)}(x)\,dx^n \; .$$

Il résulte de là que les différentielles des divers ordres

sont respectivement égales au produit des dérivées par les puissances, du même ordre, de l'accroissement de la variable; ou que les dérivées des divers ordres sont respectivement égales au quotient des différentielles par les puissances correspondantes de l'accroissement.

32. — La définition de la dérivée première c'est qu'elle est la limite du rapport de l'accroissement de la fonction à l'accroissement de la variable, lorsque ce dernier converge vers zéro.

La définition de la dérivée seconde c'est qu'elle est la dérivée de la dérivée première, ou la limite du rapport de l'accroissement de la dérivée première à l'accroissement de la variable.

De cette définition il ne découle aucune relation immédiate entre la dérivée seconde et l'accroissement de la fonction primitive : car on ne découvre pas, *à priori,* de quelle manière l'accroissement de la fonction primitive peut être lié à l'accroissement de la dérivée première. Il existe cependant, entre l'accroissement d'une dérivée d'ordre quelconque et celui de la fonction primitive, une relation très-intéressante, que nous allons établir.

Supposons que dans la fonction donnée on attribue à x une série d'accroissements égaux (c'est ce que nous avons déjà admis pour rattacher entre elles les dérivées et les différentielles des divers ordres), la fonction prendra une série de valeurs correspondantes :

$$y \, , \quad y_2 \, , \quad y_3 \, , \quad \cdot \quad \cdot \quad \cdot \quad y_n \, .$$

Si je représente respectivement par $\Delta y, \Delta y_2, \Delta y_3 \ldots \Delta y_n$

les accroissements successifs de la fonction, entre ces diverses valeurs, on aura :

$$\Delta y = y_2 - y \ , \ \Delta y_2 = y_3 - y_2 , \ \ldots \ \Delta y_n = y_{n+1} - y_n .$$

Représentons par $\Delta^2 y$ la différence entre deux accroissements consécutifs Δy, Δy_2, c'est-à-dire l'accroissement de l'accroissement Δy lorsqu'on passe de l'intervalle $y_2 - y$ à l'intervalle $y_3 - y_2$. (Pour rester fidèle à la notation déjà adoptée, cet accroissement d'une nouvelle espèce doit, en effet, être désigné par $\Delta (\Delta y)$ ou plus simplement par $\Delta^2 y$; de même que pour les différentielles on désigne $d(dy)$ par $d^2 y$). On aura par définition :

$$\Delta^2 y = \Delta y_2 - \Delta y = y_3 - y_2 - (y_2 - y) \ ,$$

et par suite :

$$\frac{\Delta^2 y}{\Delta x^2} = \frac{\dfrac{y_3 - y_2}{\Delta x} - \dfrac{y_2 - y}{\Delta x}}{\Delta x} .$$

Actuellement, faisons décroître Δx indéfiniment, et voyons vers quelle limite converge le second membre. La quantité $\dfrac{y_3 - y_2}{\Delta x}$, qui représente le rapport de l'accroissement de y_2 à l'accroissement Δx, aura pour limite la dérivée de y_2, c'est-à-dire la dérivée de $y + \Delta y$, ou enfin $f'(x + \Delta x)$, puisque $y + \Delta y = f(x + \Delta x)$. De même, la fraction $\dfrac{y_2 - y}{\Delta y}$ a pour limite $f'(x)$. En sorte que la limite du second membre est celle de $\dfrac{f'(x + \Delta x) - f'(x)}{\Delta x}$

Mais cette fraction n'est autre que le rapport de l'accroissement de la fonction $f'(x)$ à l'accroissement Δx. Elle a donc pour limite la dérivée de $f'(x)$ ou $f'''(x)$. Finalement nous trouvons :

$$\lim \frac{\Delta^2 y}{\Delta x^2} = f''(x) \ .$$

En prenant la différence entre $\Delta^2 y$ et $\Delta^2 y_2$, et désignant par $\Delta^3 y$ cet accroissement de troisième espèce, on verrait, par un raisonnement analogue, que la limite de $\dfrac{\Delta^3 y}{\Delta x^3}$ est égale à $f'''(x)$. D'une manière générale on conclurait :

$$\lim \frac{\Delta^n y}{\Delta x^n} = f^{(n)}(x) \ .$$

Pour donner un énoncé simple à cette relation remarquable, on convient d'appeler :

Différences *premières,* les accroissements Δy, Δy_2, $\Delta y_3 \ . \ . \ . \ ;$

Différences *secondes,* les différences des différences premières, c'est-à-dire les quantités $\Delta^2 y$, $\Delta^2 y_2$, $\Delta^2 y_3 \ . \ . \ . \ ;$

Différences $n^{\text{ièmes}}$, les différences des différences $n - 1^{\text{ièmes}}$, c'est-à-dire les quantités $\Delta^n y$, $\Delta^n y_2$, $\Delta^n y_3 \ . \ . \ . \ . \ ;$

D'après ces définitions, le théorème que nous venons de démontrer s'énonce ainsi :

La dérivée d'un ordre quelconque est égale à la limite du rapport de la différence du même ordre à la puissance correspondante de l'accroissement de la variable.

Ainsi se trouve établie une analogie complète entre la dérivée première et toutes les autres dérivées, puisque la dérivée première marque précisément la limite du rapport de la différence première à la puissance simple de l'accroissement de la variable.

La relation générale

$$\lim \frac{\Delta^n y}{\Delta x^n} = f^{(n)}(x) \quad \text{ou} \quad \frac{d^n y}{dx^n}$$

fournit des conséquences analogues à celles que nous avons obtenues, au n° 19 pour la dérivée première.

On en déduit immédiatement :

$$\frac{\Delta^n y}{\Delta x^n} = f^n(x) + \alpha \; ;$$

α étant une quantité qui converge vers zéro en même temps que Δx. De là résulte :

$$\Delta^n y = \left\{ f^n(x) + \alpha \right\} \Delta x^n .$$

$$\text{et} \quad \lim \frac{\Delta^n y}{d^n y} = 1 .$$

On peut dire aussi que la différence du $n^{\text{ième}}$ ordre est égale à la différentielle du même ordre, sauf un infiniment petit de l'ordre $n + 1$.

Il est bien remarquable que les dérivées, supérieures à la première, étant définies sans se préoccuper des accroissements de la fonction primitive; et, d'autre part, les différences, supérieures à la première, de la fonction primitive, étant définies sans se préoccuper des dérivées, on trouve entre ces quantités une relation aussi simple et aussi harmonique que celle qui constitue la définition même de la dérivée du premier ordre. Cette circonstance établit,

dans la génération des dérivées successives, un enchaînement encore plus étroit que celui qui résulte de leur
propre définition. Aussi, quelques auteurs, partant de là
relation dont nous parlons, ont défini à ce point de vue
les dérivées des divers ordres. Si l'on adopte une telle
définition, il faut ensuite démontrer que la dérivée $n^{\text{ième}}$,
conçue comme la limite du rapport de la différence $n^{\text{ième}}$ à
la puissance correspondante de l'accroissement, est en
même temps la dérivée première de la dérivée $n-1^{\text{ième}}$.
Cette marche nous semble moins directe et surtout moins
naturelle, en ce que la conception de la dérivée première
ne suffit plus pour la définition des dérivées supérieures.

CHAPITRE X.

CHANGEMENT DE LA VARIABLE INDÉPENDANTE.

33. — Bien que le choix de la variable indépendante soit généralement indiqué par la nature même des éléments du problème, il peut arriver que les convenances du calcul conduisent à prendre une variable indépendante différente de celle qu'on avait choisie d'abord. En d'autres termes, on se met à considérer comme indépendante désormais une quantité qui, jusqu'à ce moment, était fonction de la variable indépendante primitive ; de sorte que celle-ci devient réciproquement fonction de la nouvelle. C'est ce qui arrive, par exemple, dans le problème du mouvement d'un pendule. On est conduit à prendre pour variable indépendante, non plus le *temps,* choisi en premier lieu, mais l'*angle* décrit par la tige du pendule à droite et à gauche de la verticale.

Les dérivées ou les différentielles prises par rapport à la nouvelle variable indépendante ne sont naturellement pas les mêmes que par rapport à la variable primitive. Si donc on a besoin de connaître ces quantités, on devra commencer par exprimer les diverses variables en fonction de celle qu'on vient de choisir ; et on cherchera ensuite, par les procédés ordinaires, les valeurs des diverses dérivées et différentielles. Mais ce résultat ne s'obtient pas sans une élaboration pénible et souvent même impraticable, car il nécessite l'élimination de variables entre plusieurs équations. Pour suppléer à de pareils calculs, on a cherché la solution générale à cette question :

Étant connu les dérivées d'une fonction par rapport à une variable indépendante, ainsi que la valeur de cette variable en fonction d'une nouvelle variable indépendante, trouver les dérivées et différentielles de la fonction par rapport à la nouvelle variable.

Soit $y = f(x)$ la fonction donnée, et $x = \varphi(t)$ la valeur de l'ancienne variable indépendante x en fonction de la nouvelle variable t. Je suppose connues les dérivées de y par rapport à x, ainsi que les dérivées de x par rapport à t ; il faut avoir les dérivées de y par rapport à t.

Pour la différentielle du premier ordre dy, on sait, d'après la règle relative aux fonctions de fonction (n° 28), qu'elle est égale à la dérivée prise par rapport à x, multipliée par la différentielle de x par rapport à t. On a donc :

$$dy = f'(x)\, dx ;$$

et la relation conserve la même forme que si l'on n'avait pas changé de variable ; c'est-à-dire que dy et dx représentent les différentielles de y et de x, par rapport à la variable indépendante t: et $f'(x)$, la dérivée de y prise par rapport à x, absolument comme si x était la variable indépendante.

Si l'on différentie par rapport à t, il vient :

$$d^2y = f''(x)\, dx^2 + f'(x)\, d^2x \; ;$$

la différentielle d^2x n'est pas nulle, puisque x est actuellement fonction de t, et que, par suite, dx n'est plus une constante.

On obtiendrait de même les différentielles d'ordres supérieurs. Nous n'en poursuivrons pas le calcul, qui n'offre aucune difficulté ; nous nous bornerons à remarquer que l'expression d'une différentielle est d'autant plus compliquée que l'ordre de la différentiation est plus élevé. Cela tient à ce que, dans les opérations successives, la différentiation de dx introduit chaque fois un terme de plus, qui n'existerait pas si x avait continué d'être la variable indépendante.

CHAPITRE XI.

DIFFÉRENTIATION DES FONCTIONS DE PLUSIEURS VARIABLES INDÉPENDANTES.

34. — Une question peut, avons-nous dit (n° 4), comporter à la fois plusieurs variables indépendantes.

Dans les fonctions ainsi formées, il y a lieu tantôt de prendre la différentielle par rapport à l'une ou à l'autre des variables, tantôt par rapport à toutes. Dans le premier cas la différentielle est dite *partielle,* et, dans le second cas, *totale.*

Le premier cas ne peut offrir de difficulté ; car on doit considérer toutes les autres variables indépendantes comme des quantités constantes ; et l'on se retrouve, dès lors, en présence de la différentiation des fonctions d'une seule variable.

Le second cas n'entraîne non plus aucune innovation :

c'est une pure application de la règle démontrée au n° 26. Il suffit de prendre les fonctions composantes les plus simples possible , c'est-à-dire réduites aux variables mêmes. On voit ainsi que la différentielle totale est égale à la somme des différentielles partielles.

On peut enfin prendre les dérivées successivement par rapport à diverses variables. De là ce théorème :

Le résultat final de plusieurs différentiations successives reste le même quel que soit l'ordre des différentiations.

Pour prendre l'exemple le plus simple, celui d'une fonction de deux variables indépendantes, $z = f(x,y)$, je dis que si l'on prend la dérivée de z par rapport à x, et ensuite la dérivée de cette dérivée, par rapport à y, le résultat sera le même que si l'on avait pris d'abord la dérivée de z par rapport à y, et ensuite la dérivée de cette dérivée, par rapport à x. C'est ce qu'on exprime ainsi :

$$\frac{d^2 z}{dy\, dx} = \frac{d^2 z}{dx\, dy} \, .$$

Il est facile de s'en convaincre en faisant varier x dans la fonction donnée, et y dans la dérivée ainsi obtenue. On arrive au même résultat final qu'en faisant varier y d'abord, et ensuite x dans la dérivée. Nous croyons inutile de nous arrêter davantage à cette démonstration, semblable à celle dont nous avons fait usage au n° 26 pour la différentiation des fonctions de fonctions.

On peut donner une interprétation géométrique à ce théorème. Supposons que $z = f(x , y)$ soit l'équation d'une surface. Faire varier x en laissant y constant revient à prendre les points successifs de la courbe obtenue en coupant la surface par un plan parallèle au plan des zx. Faire varier y en laissant x constant revient à couper la surface par un plan parallèle au plan des zy. Le point de la surface qui correspond à ces deux variations successives est évidemment le même quel que soit l'ordre dans lequel on les a effectuées.

CHAPITRE XII.

35. — Le calcul différentiel comporte des développements algébriques, distincts du calcul des limites de rapport proprement dit. Nous nous bornerons à mentionner celui qui s'y rattache le plus directement, et qui est connu sous le nom de série de Taylor.

Reprenons la fonction $y = f(x)$, et donnons à x un accroissement Δx. On a, d'après les notations adoptées, Δy ou $\Delta f(x) = f(x + \Delta x) - f(x)$; d'où

$$f(x + \Delta x) = f(x) + \Delta f(x).$$

Dans cette relation générale, qui subsiste quelles que soient les valeurs de x et de Δx, remplaçons successivement x par : $x + \Delta x$, $x + 2\Delta x$, $x + 3\Delta x$, ... ; on obtiendra cette suite d'expressions :

$$f(x+\Delta x) = f(x) + \Delta f(x) \ ,$$
$$f(x+2\,\Delta x) = f(x) + 2\,\Delta f(x) + \Delta^2 f(x) \ ^{(1)} \ ,$$
$$f(x+3\,\Delta x) = f(x) + 3\,\Delta f(x) + 3\,\Delta^2 f(x) + \Delta^3 f(x) \ ;$$

et, d'une manière générale :

$$f(x+m\Delta x) = f(x) + m\,\Delta f(x) + \frac{m(m-1)}{1.\,2}\,\Delta^2 f(x) +$$
$$+ \frac{m(m-1)(m-2)}{1.\,2.\,3}\,\Delta^3 f(x) + \dots$$

Convenons de laisser constant le produit $m\,\Delta x$, quelles que soient les valeurs attribuées séparément à m et à Δx ; de telle sorte que si l'une de ces deux quantités augmente, l'autre devra être diminuée en proportion. Soit h ce produit constant ; d'où $m = \dfrac{h}{\Delta x}$. Si l'on fait la substitution dans la formule ci-dessus, il vient :

$$f(x+h) = f(x) + h\,\frac{\Delta f(x)}{\Delta x} + \frac{h(h-\Delta x)}{1.\,2}\,\frac{\Delta^2 f(x)}{\Delta x^2} +$$
$$+ \frac{h(h-\Delta x)(h-2\Delta x)}{1.\,2.\,3}\,\frac{\Delta^3 f(x)}{\Delta x^3} + \dots$$

---

[1] Cette relation se déduit de la précédente en faisant dans celle-ci $x = x + \Delta x$. Elle devient en effet, par suite de la substitution ,

$$f(x+2\,\Delta x) = f(x+\Delta x) + \Delta f(x+\Delta x).$$

Si l'on remplace, dans cette équation, $f(x+\Delta x)$ par sa valeur $f(x) + \Delta f(x)$, on trouve :

$$f(x+2\Delta x) = f(x) + \Delta f(x) + \Delta[f(x) + \Delta f(x)] = f(x) + 2\Delta f(x) + \Delta^2 f(x).$$

Les relations suivantes s'obtiennent avec la même facilité.

Supposons maintenant que Δx décroisse indéfiniment : les quantités telles que $\dfrac{\Delta f(x)}{\Delta x}$, $\dfrac{\Delta^2 f(x)}{\Delta x^2}$, . . . auront respectivement pour limites les dérivées $f'(x)$, $f''(x)$ . . . .; les quantités $h - \Delta x$, $h - 2\Delta x$, . . . auront toutes pour limite h. La formule deviendra finalement :

$$f(x+h) = f(x) + hf'(x) + \frac{h^2}{1.\,2} f''(x) + \frac{h^3}{1.\,2.\,3} f'''(x) + \dots$$

Telle est la relation connue sous le nom de série de Taylor.

Remarquons que ce que nous venons de dire touchant la limite commune des quantités $h - \Delta x$, $h - 2\Delta x$, . . . ne s'applique pas évidemment aux termes dont le rang dans la série est indéfiniment éloigné. Car dans l'expression de pareils termes entrent des facteurs de la forme $h - n\Delta x$, qui ne se réduisent plus à h quand n augmente au delà de toute grandeur. On ne pourrait donc pas dire, *à priori,* que la série ci-dessus, indéfiniment prolongée, représente le développement exact de $f(x+h)$. On est ainsi conduit à rechercher la fonction de x et de h qu'il convient d'ajouter à la série, arrêtée à un certain terme, pour reproduire identiquement le premier membre $f(x+h)$. Le calcul de ce reste, aussi bien que la discussion des conditions de convergence de la série, sont exposés dans tous les Traités [1]. On trouve que ce reste peut affecter diverses formes, selon les cas : la plus usuelle est celle-ci :

$$\frac{h^{n+1}}{1\,.\,2\,.\,3\,\dots\,(n+1)} \, f^{n+1}(x+\theta h) \quad , \qquad n \text{ étant l'ordre}$$

[1] Voir notamment la *Théorie des fonctions analytiques* de Lagrange, le *Traité élémentaire de la théorie des fonctions* de M. Cournot, etc. etc.

de la dérivée qui figure dans le terme auquel on arrête la série, et θ étant une quantité comprise entre 0 et 1.

La série de Taylor permet d'exprimer, sous une forme remarquable, l'accroissement Δy d'une fonction correspondant à l'accroissement Δx de la variable. Car si l'on suppose, dans la formule précédente, que h est cet accroissement Δx, et si l'on remarque que $\Delta y = f(x + \Delta x) - f(x)$, il vient :

$$\Delta y = f'(x)\,\Delta x + f''(x)\,\frac{\Delta x^2}{1.\,2} + f'''(x)\,\frac{\Delta x^3}{1.\,2.\,3} + \ldots$$

D'après cela, la quantité que nous désignions par α, au n° 19 , est égale au développement $f''(x)\,\dfrac{\Delta x}{1.\,2} + f'''(x)\,\dfrac{\Delta x^2}{1.\,2.\,3} + \ldots$

On peut donner une nouvelle forme à l'expression de Δy, en s'appuyant sur ce que, d'une manière générale, $f^{(n)}(x)\,\Delta x^n$ est égal à $d^n y$. De là résulte la relation suivante :

$$\Delta y = dy + \frac{1}{1.\,2}\,d^2 y + \frac{1}{1.\,2.\,3}\,d^3 y + \ldots\ldots$$

Nous avons ainsi la valeur de la différence en fonction des différentielles des divers ordres.

De la série de Taylor, on déduit une autre série, également importante, dite série de Maclaurin. Pour l'obtenir, il suffit de remarquer que la série de Taylor devant subsister identiquement, lors même que h représenterait une quantité variable, rien n'empêche d'établir le développement par rapport aux puissances de x au lieu de l'établir

7.

par rapport à celles de h. Si l'on suppose ensuite que h devienne nul, la série prend la forme suivante :

$$f(x) = f(\mathrm{o}) + x f'(\mathrm{o}) + \frac{x^2}{1 \cdot 2} f''(\mathrm{o}) + \frac{x^3}{1 \cdot 2 \cdot 3} f'''(\mathrm{o}) + \dots$$

Les coefficients des puissances de x représentent les valeurs que prennent $f'(x)$, $f''(x)$, $f'''(x)$, ... quand on fait dans ces diverses fonctions $x = \mathrm{o}$.

Ainsi se trouve résolu le problème qui consiste à développer une fonction quelconque en une série ordonnée suivant les puissances entières et ascendantes de la variable.

CALCUL INTÉGRAL

ou

CALCUL DES LIMITES DE SOMME.

Étant donnée une somme de termes dont le nombre augmente indéfiniment à mesure que chacun d'eux diminue, suivant une loi donnée, trouver la limite vers laquelle converge cette somme.

CHAPITRE XIII.

EXISTENCE DE LA LIMITE DE SOMME POUR TOUTES LES FONCTIONS CONTINUES.

36. — Les termes des sommes dont le calcul intégral recherche les limites sont toujours supposés ramenés à la forme $f(x)\,\Delta x$.

En général, la mise en équations des problèmes ne fournit pas immédiatement des termes d'une forme aussi simple. Il faut une élaboration préliminaire pour les y

réduire, élaboration distincte du calcul intégral proprement dit, et qui rentre véritablement dans l'usage de
la méthode infinitésimale, ainsi que nous le verrons plus
tard [1].

Quoi qu'il en soit de la transformation préalable dont
nous parlons, et des difficultés spéciales dont elle peut
être entourée dans les diverses applications, nous admet-
trons toujours qu'elle a été régulièrement effectuée. Les
procédés du calcul intégral auront donc pour objet de faire
connaître la valeur de la limite vers laquelle tend une
suite de termes tels que :

$$f(x)\,\Delta x + f(x_2)\,\Delta x_2 + f(x_3)\,\Delta x_3 + \ldots + f(x_n)\,\Delta x_n \; ;$$

en désignant par x, x_2, x_3, $\ldots x_n$, les diverses valeurs
attribuées à x, et par Δx, Δx_2, Δx_3, $\ldots \Delta x_n$ les valeurs
correspondantes des accroissements de x. Une telle somme
est prise depuis une valeur déterminée que nous avons
désignée ici par x, jusqu'à une autre valeur désignée par
x_n. Le nombre des termes intermédiaires est d'autant
plus grand que les accroissements Δx, Δx_2, Δx_3, $\ldots$
sont plus petits. En même temps la valeur individuelle de
ces termes devient moindre, et la limite qu'il s'agit de
calculer est celle vers laquelle tend la somme lorsque les
accroissements de la variable convergent indéfiniment
vers zéro.

---

[1] C'est le même point de vue que pour le calcul différentiel. Nous y
avons supposé les rapports ramenés à la forme $\dfrac{\Delta f(x)}{\Delta x}$, sans nous préoccuper de la manière de les ramener à cette forme.

On représente ordinairement la somme ci-dessus par $\Sigma f(x)\,\Delta x$, et la limite de cette somme par lim. $\Sigma f(x)\,\Delta x$.

37. — Ici se présente, comme pour le calcul différentiel, une question préliminaire tout à fait capitale : la limite dont nous parlons existe-t-elle? La somme des termes $f(x)\,\Delta x + f(x_2)\,\Delta x_2 + \ldots$ converge-t-elle toujours vers une valeur déterminée?

C'est ce que nous allons démontrer pour toute fonction d'une variable x assujettie seulement aux conditions suivantes : « 1° que lorsqu'on donne un accroissement h à x, « il en résulte un accroissement k de y qui tende vers « zéro si l'on fait tendre h vers zéro ; 2° qu'à partir de toute « valeur de x on en puisse prendre une autre qui en diffère « d'une quantité finie déterminée, telle que si x varie dans « le même sens, dans l'intervalle compris entre elles, y « varie constamment dans un même sens, c'est-à-dire tou- « jours en augmentant ou toujours en diminuant [1]. »

De la première de ces deux conditions résulte que la fonction ne passe pas par une valeur infinie quand x varie jusqu'à x_n. Si donc on désigne par A la plus grande valeur que puisse prendre la fonction entre les valeurs x et x_n de la variable, A sera nécessairement une quantité finie, et la somme $\Sigma f(x)\,\Delta x$ sera moindre que $A\,\Delta x + A\,\Delta x_2 + {} + A\,\Delta x_3 + \ldots \ldots A\,\Delta x_n$; ou moindre que $A\,(x_n - x)$, quantité finie, indépendante de la grandeur individuelle des accroissements. Ainsi, nous voyons en premier lieu

---

[1] Ces conditions sont la reproduction de celles qui conviennent aux limites de rapport (N° 17). Elles sont toujours la conséquence directe de la continuité de la fonction.

que la somme en question ne peut croître au delà de toute expression.

D'un autre côté, considérons une portion de cette somme correspondant à une série de valeurs de x pour lesquelles, en vertu de la seconde condition, la fonction reste de même signe dans l'intervalle, par exemple constamment positive. Soit a la plus petite des valeurs positives de la fonction. Si x varie de la quantité finie h, la portion de somme dont il s'agit sera plus grande que ah; et comme elle n'est pas infinie, elle converge vers une certaine valeur positive. Pour une autre portion de la somme, correspondant à des valeurs de x qui rendent la fonction constamment négative, la valeur convergera vers une certaine quantité négative; et ainsi de suite. En sorte que la limite vers laquelle convergera la somme totale sera égale à la somme algébrique d'un certain nombre de quantités positives et négatives; ce qui représente bien une limite finie : car cette somme algébrique ne pourrait évidemment être nulle que dans un cas très-particulier.

La somme $\Sigma f(x)\, \Delta x$ ayant toujours une limite finie, on représente cette limite par le signe particulier $\int$, en haut et en bas duquel on indique les valeurs extrêmes attribuées à la variable. Ainsi la limite de $\Sigma f(x)\, \Delta x$, la somme étant prise depuis x jusqu'à x_n, est représentée par

$$\int_{x}^{x_n} f(x)\, \Delta x .$$

Cette somme limite s'appelle *intégrale* (du mot latin *integra*), parce qu'on la considère comme l'*entier* dont $f(x)\, \Delta x$ est une *partie* infiniment petite. Nous devons faire, au sujet de cette démonstration, une remarque semblable à celle du n° 17. Ce qui précède prouve bien que la somme $\Sigma f(x)\,\Delta x$ a une limite finie, mais ne prouve nullement que cette limite soit exprimable *analytiquement*, et, à plus forte raison, qu'on sache la trouver. Pour valider une pareille conclusion, il faudrait préalablement montrer, comme pour la différentiation, qu'en soumettant à des procédés de calcul réguliers les termes $f(x)\,\Delta x$, on en déduit *toujours* une expression analytique qui satisfait à la condition d'être la limite vers laquelle converge la somme de ces termes. Or, malheureusement, comme nous le verrons plus tard, on est loin d'un semblable résultat.

CHAPITRE XIV.

THÉORÈME FONDAMENTAL SUR LES INTÉGRALES.

38. — Le calcul des intégrales est fondé sur cette proposition remarquable :

Si l'on connaissait une fonction qui eût pour dérivée la fonction qui figure dans les termes de la somme dont on cherche la limite, l'accroissement que prendrait cette fonction en attribuant à x les deux valeurs extrêmes qu'elle reçoit dans la somme, serait précisément égal à la limite cherchée.

Ainsi, je dis que si $F(x)$ est une fonction telle que sa dérivée $F'(x)$ soit égale à $f(x)$, qui figure dans les termes de la somme $\Sigma f(x)\,\Delta x$, on aura

$$F(x_n) - F(x) = \int_x^{x_n} f(x)\,\Delta x.$$

Supposons en effet que dans la fonction $F(x)$ on donne à la variable les accroissements successifs Δx, Δx_2, Δx_3, ... Δx_n, correspondant respectivement aux valeurs x, x_2, x_3, ... x_n ; de telle sorte qu'on ait : $x_2 = x + \Delta x$, $x_3 = x_2 + \Delta x_2$, ... $x_n = x_{n-1} + \Delta x_{n-1}$. La fonction $F(x)$ recevra des accroissements en conséquence, que je désigne par k, k_2, k_3, ... k_n..

Nous savons d'une manière générale que l'accroissement d'une fonction est égal au produit de l'accroissement de la variable par la dérivée augmentée d'une quantité infiniment petite. On aura cette série de relations :

$$k = \left[F'(x) + \alpha\right]\Delta x ,$$

$$k_2 = \left[F'(x_2) + \alpha_2\right]\Delta x_2 ,$$

$$k_3 = \left[F'(x_3) + \alpha_3\right]\Delta x_3 ,$$

$$\cdots\cdots\cdots\cdots$$

$$k_n = \left[F'(x_n) + \alpha_n\right]\Delta x_n .$$

Or, d'après l'hypothèse faite en commençant, la fonction $F(x)$ a pour dérivée $f(x)$. On peut donc substituer $f(x)$ à $F'(x)$ dans toutes ces relations, qui deviennent :

$$k = \left[f(x) + \alpha\right]\Delta x ,$$

$$k_2 = \left[f(x_2) + \alpha_2\right]\Delta x_2 ,$$

$$k_3 = \left[f(x_3) + \alpha_3\right]\Delta x_3 ,$$

$$\cdots\cdots\cdots\cdots$$

$$k_n = \left[f(x_n) + \alpha_n\right]\Delta x_n .$$

Si on les ajoute membre à membre, la somme des premiers membres représentera l'accroissement total de la fonction $F(x)$ en passant de la valeur initiale x à la valeur finale $x_n + \Delta x_n$: elle sera donc égale à $F(x_n + \Delta x_n) - F(x)$. Quant à la somme des seconds membres elle se composera de deux parties : l'une, formée des termes $f(x)\Delta x + f(x_2)\Delta x_2 + \ldots + f(x_n)\Delta x_n$, est la somme même dont il s'agit de calculer la limite; l'autre peut être désignée par $\Sigma \alpha \Delta x$. On a en conséquence :

$$F(x_n + \Delta x_n) - F(x) = \Sigma f(x)\Delta x + \Sigma \alpha \Delta x.$$

Si je fais décroître Δx indéfiniment, le premier membre aura pour limite $F(x_n) - F(x)$. Le premier terme du second membre aura pour limite $\int_x^{x_n} f(x)\Delta x$; et je dis que la limite de $\Sigma \alpha \Delta x$ est zéro. En effet, soit ε la plus grande des quantités α, α_2, $\alpha_3 \ldots \alpha_n$. La somme $\Sigma \alpha \Delta x$ sera moindre que celle qu'on obtiendrait en remplaçant partout α, α_2, α_3, $\ldots$ par ε. Elle sera donc moindre que $\varepsilon \Delta x + \varepsilon \Delta x_2 + \varepsilon \Delta x_3 + \ldots + \varepsilon \Delta x_n$, ou que $\varepsilon \Sigma \Delta x$ ou enfin que $\varepsilon (x_n - x + \Delta x_n)$. Or, la quantité entre parenthèses a pour limite $x_n - x$, grandeur finie, absolument indépendante de la valeur des accroissements. Au contraire ε converge vers zéro en même temps que ces derniers. Cela résulte de ce que chacune des quantités α, α_2, α_3, $\ldots \alpha_n$, tend vers zéro lorsque l'accroissement correspondant de la variable diminue indéfiniment (n° 19). En résumé, la somme $\Sigma \alpha \Delta x$ a pour limite zéro, et on en déduit :

$$F(x_n) - F(x) = \int_x^{x_n} f(x)\, dx \quad ;$$

en écrivant dx au lieu de Δx, ainsi qu'on l'a fait au n° 19, pour la plus grande symétrie des formules.

CHAPITRE XV.

INTÉGRALES DÉFINIES ET INDÉFINIES. — REPRÉSENTATION
GÉOMÉTRIQUE.

39. — La recherche de la limite d'une somme est ainsi
ramenée à la recherche d'une fonction qui ait pour dérivée
la fonction qui figure dans les termes de la somme. La
fonction une fois trouvée, il ne reste plus qu'à y substituer
les deux valeurs extrêmes de x et à prendre la différence.
Cette dernière partie de l'opération est tout à fait secondaire, comme difficulté de calcul, à côté de la recherche
même de la fonction. Aussi est-ce à cette recherche qu'on
peut restreindre le calcul intégral proprement dit [1]. On

---

[1] Les opérations complémentaires, consistant à remplacer la variable par
les valeurs extrêmes et à prendre la différence, sont évidemment du res-

nomme *fonction intégrale,* ou *intégrale indéfinie,* ou plus simplement *intégrale* la fonction qui a pour dérivée la fonction donnée. On nomme *intégrale définie* la différence obtenue en substituant dans l'intégrale indéfinie les deux valeurs extrêmes de la variable; ces deux valeurs extrêmes s'appellent les *limites* de l'intégrale [1].

L'intégrale indéfinie n'a donc pas la signification en quelque sorte concrète de l'intégrale définie : elle ne représente pas une grandeur déterminée, comme est la limite d'une somme de termes. Elle n'exprime qu'une relation algébrique, qui consiste en ceci : qu'elle ait pour dérivée la fonction donnée. On désigne cette intégrale dans les formules par le même symbole $\int$ que les intégrales définies : seulement il n'y a pas de valeurs extrêmes à indiquer. Ainsi la relation

$$\mathrm{F}(x) = \int f(x)\, dx$$

signifie simplement que $\mathrm{F}(x)$ a pour dérivée $f(x)$ ou pour différentielle $f(x)\, dx$.

Il suit de là que le signe de l'intégration indéfinie et celui de la différentiation se détruisent réciproquement; si bien que $d \int f(x)\, dx$ ne signifie pas autre chose que

sort de l'algèbre ordinaire, et n'ont rien de commun avec les procédés propres au calcul infinitésimal.

[1] Il faut avoir bien soin de ne pas confondre l'acception donnée ici au mot de limite avec celle que nous lui avons donnée jusqu'à présent. Les *limites* d'une intégrale sont les valeurs déterminées entre lesquelles est formée la somme qu'on se propose de calculer.

$f(x)\,dx$. Car prendre la différentielle de $\int f(x)\,dx$ ou de $F(x)$, c'est prendre la quantité $f(x)\,dx$, puisque, par hypothèse, $F(x)$ est la fonction qui a $f(x)$ pour dérivée ou $f(x)\,dx$ pour différentielle. De même $\int d\,F(x)$ représente exactement $F(x)$, car prendre l'intégrale de $d\,F(x)$ ou de $f(x)\,dx$, c'est prendre la fonction $F(x)$ elle-même.

Le calcul intégral nous apparaît donc comme réciproque du calcul différentiel. C'est un résultat bien remarquable et qu'il était permis de ne pas entrevoir dès le début, car il n'est pas évident, *à priori,* que la limite d'une somme de termes de la forme $f(x)\,dx$ est exprimée par la différence des valeurs de la fonction qui a $f'(x)$ pour dérivée.

40. — L'intégrale définie $\int_{x}^{x_n} dx$ est susceptible d'une représentation géométrique.

Construisons la courbe A M B (*fig.* 2) qui a pour équation $y = f(x)$; soit O C la valeur initiale x de la variable, et soit O D sa valeur finale x_n. Je dis que l'intégrale définie sera représentée par la surface curviligne A B D C comprise entre la courbe, l'axe des abscisses, et les ordonnées extrêmes A C, B D.

En effet, décomposons la surface en bandes telles que M M′ P P′, au moyen d'ordonnées menées par les divers points de la base correspondant aux accroissements Δx, Δx_2, ... Δx_{n-1} de la variable. Si l'on mène M H parallèle à O X, le rectangle M H P P′ est égal à M P ou $f(x)$, multiplié par l'accroissement P P′. La somme de tous les rectangles ainsi formés, qui a pour expression

$\Sigma f(x)\,\Delta x$, converge vers la surface A B D C [1], à mesure

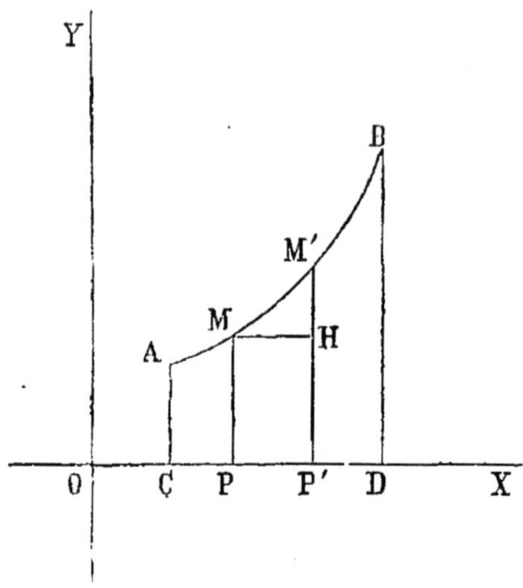

Fig. 2.

que chacun des accroissements diminue indéfiniment. [2]

Les intégrales indéfinies ne sont évidemment pas suscep-

[1] C'est la conséquence de ce que la somme des parties telles que M H M·
converge vers zéro. Nous ne nous occupons pas ici d'établir rigoureusement ce dernier point — qui, du reste, semble assez évident de lui-même
— parce que c'est un cas très-particulier d'une proposition beaucoup plus
générale que nous démontrerons plus loin.

[2] On s'appuye assez souvent sur cette représentation géométrique pour
démontrer l'existence de l'intégrale de toute fonction d'une seule variable.
Mais ce n'est point là une véritable démonstration ; car la construction
même de la figure suppose implicitement que la fonction donnée satisfait
aux conditions qui servent de base au raisonnement du n° 37. Que deviendrait, par exemple, la surface qui doit représenter l'intégrale si la fonction
et par suite l'ordonnée de la courbe pouvaient devenir infinies pour certaines
valeurs de la variable ? Nous avons donc à reproduire les mêmes objections
qui nous ont fait repousser la démonstration analogue pour l'existence de
la dérivée.

tibles de la même interprétation, puisque rien, dans leur expression, ne limite la surface qu'elles devraient représenter. Toutefois, on peut les ramener aux intégrales définies, en imaginant que la valeur initiale de la variable est telle que la fonction intégrale est nulle pour cette valeur, et que la valeur finale garde l'expression indéterminée x. Dans cette hypothèse, et en désignant par x_0 la valeur initiale, l'intégrale définie $\int_{x_0}^{x} f(x)\, dx$, ou $F(x) - F(x_0)$, se réduit à $F(x)$, c'est-à-dire à l'intégrale indéfinie elle-même. Quant à la quantité x_0 , elle peut fort bien être purement imaginaire, puisque l'équation $F(x) = 0$ n'a pas nécessairement une racine réelle.

CHAPITRE XVI.

RECHERCHE DES INTÉGRALES : NATURE DU PROBLÈME.

41. — En résumé, la recherche des limites de somme se réduit à ce problème algébrique :

Étant donnée une fonction quelconque d'une seule variable, trouver une autre fonction qui ait pour dérivée la fonction donnée.

On a sans doute remarqué déjà que le problème, posé en ces termes, est nécessairement indéterminé; car lorsqu'on a trouvé une fonction qui satisfait à la condition que sa dérivée soit égale à la fonction donnée, il est bien évident que cette même fonction, augmentée d'une quantité constante quelconque, satisfera encore à la même condition, puisque la dérivée ne changera pas de valeur par

8.

suite de cette addition. C'est pourquoi on écrit dans les formules

$$\int f(x)\, dx = \mathrm{F}(x) + \mathrm{C},$$

C désignant une constante arbitraire.

Cette constante disparaît toujours lorsqu'on fixe les limites de l'intégrale, ou, en d'autres termes, lorsqu'il s'agit d'une intégrale définie ; car la valeur de cette dernière résultant de la soustraction opérée entre deux valeurs particulières de l'intégrale indéfinie, la constante arbitraire disparaît dans la différence ainsi formée.

La fixation d'une seule des deux limites suffit même pour faire évanouir la constante : on a encore à opérer une soustraction entre la valeur générale et la valeur particulière de l'intégrale.

Il n'existe aucun procédé pour trouver directement une fonction intégrale, c'est-à-dire pour remonter, par une succession d'opérations régulières et assurées, d'une fonction donnée à une autre qui ait celle-là pour dérivée. On en est réduit à une sorte de *recherche de Tables,* qui consiste à voir quelle est, parmi les fonctions dont on a formé les dérivées dans le calcul différentiel, celle qui a pour dérivée la fonction donnée. Sous ce rapport, on n'est pas plus avancé que si le procédé régulier de la division étant inconnu, il fallait, pour obtenir le quotient d'un nombre par un autre, rechercher dans une table de Pythagore suffisamment étendue le produit et le facteur donnés, pour en déduire le quotient, qui serait l'autre facteur porté à la table.

Lorsque cette première investigation n'aboutit pas, — et c'est ce qui arrive ordinairement — on a recours à des artifices plus ou moins compliqués, pour ramener la fonction donnée à une forme qui permette de discerner des intégrales connues.

CHAPITRE XVII.

INTÉGRATION IMMÉDIATE A L'AIDE DES DIFFÉRENTIELLES DES FONCTIONS SIMPLES.

42. — On obtient une première série d'intégrales, très-utiles en bien des cas, au moyen des différentielles des fonctions simples (n° 25). Le procédé général pour remonter aux intégrales est basé sur ce double principe : 1° que la différentiation et l'intégration portant sur la même quantité se détruisent réciproquement; 2° que les facteurs constants qui multiplient les fonctions peuvent être mis hors du signe d'intégration comme hors du signe de différentiation [1].

Soit, comme exemple de l'application de ce procédé, la

[1] C'est ce qu'on vérifie aisément : je dis qu'on a :

$$\int a f(x)\,dx = a \int f(x)\,dx.$$

Pour s'en convaincre, il suffit de différentier les deux quantités. On trouve, de part et d'autre, la même valeur $a f(x)\,dx$.

différentielle de la 8ᵉ fonction simple :

$$d \log x = \frac{\log e}{x} \, dx.$$

Si l'on intègre les deux membres, il vient :

$$\log x = \log e \int \frac{dx}{x} \; ;$$

d'où

$$\int \frac{dx}{x} = \frac{\log x}{\log e} \; .$$

C'est ainsi qu'on forme le tableau suivant :

$$\int dx = x \; ,$$

$$\int - dx = - x \; ,$$

$$\int a \, dx = ax \; ,$$

$$\int x^a \, dx = \frac{x^{a+1}}{a+1} \; ,$$

$$\int a^x \, dx = \frac{a^x}{l\,a} \; ,$$

$$\int \frac{dx}{x} = \frac{\log x}{\log e} \; ,$$

$$\int \cos x \, dx = \sin x \; ,$$

$$\int \frac{dx}{\sqrt{1 - x^2}} = \operatorname{arc} \sin x \; .$$

A chacun des seconds membres on doit ajouter une constante arbitraire (n° 41).

Dans ce tableau ne figurent pas les intégrales déduites des différentielles de la quatrième et de la sixième fonction simple : l'une de ces intégrales est d'un intérêt secondaire, et l'autre rentre évidemment dans celle qui se rapporte à la cinquième fonction simple.

CHAPITRE XVIII.

INTÉGRATION MÉDIATE. — PROPOSITIONS DIVERSES POUR FACILITER L'INTÉGRATION.

43. — Quand on ne peut pas, malgré la connaissance *à priori* d'un certain nombre d'intégrales, discerner quelle est la fonction qui a pour dérivée la fonction donnée, il faut, avons-nous dit, recourir à des procédés plus ou moins indi‑ rects. Ceux dont on fait usage sont très-nombreux — ce qui, remarquons-le en passant, prouve leur insuffisance. — Nous nous bornerons à citer les principales règles sui‑ vies.

1° L'intégrale d'une somme de fonctions est égale à la somme des intégrales de ces fonctions.

Pour vérifier la relation

$$\int (u+v+z+\ldots)\,dx = \int u\,dx + \int v\,dx + \int z\,dx + \ldots$$

il suffit de prendre la différentielle des deux membres. On retrouve de part et d'autre la même quantité.

2° L'intégrale du produit d'une fonction par une constante est égale au produit de la constante par l'intégrale de la fonction.

C'est le principe sur lequel nous nous sommes appuyé pour calculer les intégrales simples.

3° *Intégration par parties.* On désigne sous ce nom le principe suivant :

Soit u et v deux fonctions de x : je dis qu'on a :

$$\int u\,dv = uv - \int v\,du$$

Il suffit encore, pour le vérifier, de différentier les deux membres de cette relation.

On remplace ainsi, sous le signe d'intégration, la différentielle d'une fonction par celle d'une autre fonction. On conçoit les avantages qu'on en peut retirer. Il arrive, par exemple, que tandis que $u\,dv$ a une forme qu'on ne sait pas intégrer, le produit $v\,du$, qui est d'une forme toute différente, est susceptible d'intégration.

4° *Intégration par variables auxiliaires.* C'est un procédé analogue à celui qu'on emploie dans la différentiation. On désigne par des variables auxiliaires certaines combinaisons de la variable primitive, et on parvient ainsi à mettre en évidence des formes de fonctions qui rentrent dans les intégrales déjà connues.

Soit, par exemple, à calculer

$$\int \frac{dx}{\sqrt{1 - (a + x)^2}}\,.$$

Posons $a + x = y$, d'où $dx = dy$. L'intégrale prend la forme

$$\int \frac{dy}{\sqrt{1 - y^2}} \quad ;$$

et l'on sait que sa valeur est égale à arc sin y, et, par suite, à arc sin $(a + x)$.

5° *Intégration par série.* — Ce moyen, d'une application très-générale, a pour but de donner par approximation les intégrales qu'on ne sait pas calculer exactement. On développe, d'après la série de Maclaurin, la fonction à intégrer, toutes les fois que la forme de cette fonction est telle ou peut être rendue telle que la série soit convergente. L'intégrale $\int f(x)\, dx$ est ainsi ramenée aux suivantes :

$$\int f(o)\, dx + \int f'(o)\, x\, dx + \int f''(o)\, \frac{x^2}{1.2}\, dx + \ldots$$

Celles-ci n'offrent aucune difficulté, car les multiplicateurs $f(o)$, $f'(o)$, $f''(o)$,... étant des quantités constantes, tout se réduit à intégrer une puissance quelconque de la variable.

Mais si ce procédé est d'un effet assuré, il n'en a pas moins deux inconvénients majeurs : le premier, d'être d'un emploi très-laborieux ; le second, de ne fournir qu'une valeur approximative de l'intégrale, et, par suite, de ne pas en donner la véritable expression analytique. Ce dernier défaut peut être tout à fait capital dans certaines recherches, où ce qu'on a besoin de connaître c'est moins la valeur en quelque sorte arithmétique de l'intégrale, que la *forme* de sa fonction.

L'intégration par série constitue une solution de même nature que celle que fournit en algèbre la théorie connue sous le nom de résolution numérique des équations.

Nous n'insisterons pas davantage sur les divers procédés mis en œuvre pour le calcul des intégrales. Le nombre en est en quelque sorte indéfini, et l'on peut dire que chaque géomètre a les siens propres, ou du moins emploie de préférence certains d'entre eux, mieux appropriés à la tournure de son esprit.

CHAPITRE XIX.

INTÉGRALES DE DIVERS ORDRES. — INTÉGRALES PRISES SUCCESSIVEMENT PAR RAPPORT A PLUSIEURS VARIABLES.

44. — De même qu'on distingue les différentielles et les dérivées de divers ordres, nous devons distinguer également les intégrales de divers ordres.

On nomme intégrale du second ordre ou intégrale *double* (cette dernière expression a prévalu) la fonction qui a pour dérivée l'intégrale du premier ordre ou l'intégrale simple.

L'intégrale *triple* est l'intégrale simple de l'intégrale double. D'une manière générale l'intégrale $n^{ième}$ est l'intégrale simple de l'intégrale $n - 1^{ième}$.

Soit $F(x)$, $F_2(x)$, $F_3(x)$,... les intégrales simple, double triple, etc., de la fonction $f(x)$. Les définitions qui précèdent s'expriment ainsi :

$$F(x) = \int f(x)\, dx\,;$$

$$F_2(x) = \int F(x)\, dx = \int dx \int f(x)\, dx \quad \text{ou} \quad \iint f(x)\, dx^2\,;$$

$$F_3(x) = \int F_2(x)\, dx = \int dx \int dx \int f(x)\, dx \ \text{ou} \iiint f(x)\, dx^3\,;$$

$$\cdot \quad \cdot \quad \cdot \quad \cdot \quad \cdot \quad \cdot \quad \cdot \quad \cdot \quad \cdot \quad \cdot \quad \cdot \quad \cdot \quad \cdot \quad \cdot \quad \cdot$$

On remarquera que dans cette notation nous regardons $\int dx \int f(x)\, dx$ et $\iint f(x)\, dx^2$ comme parfaitement synonymes. En effet, la première intégration $\int f(x)\, dx$, qui fournit la valeur de $F(x)$, devant être effectuée sans se préoccuper du nouveau multiplicateur dx introduit par la deuxième intégration, on peut regarder ce multiplicateur comme constant par rapport à la première intégration, et, dès lors, le faire passer sous le signe $\int$, ou le laisser en dehors de ce signe.

Il résulte encore des définitions adoptées, tant pour les intégrales que pour les différentielles, qu'on peut écrire

$$f(x) = \frac{d\,F(x)}{dx} = \frac{d^2 F_2(x)}{dx^2} = \frac{d^3 F_3(x)}{dx^3} \cdot \cdot \cdot \cdot \cdot \cdot \cdot \cdot \cdot \cdot$$

On voit aussi, d'après la démonstration donnée au n° 32 :

$$f(x) = \lim \frac{\Delta F(x)}{\Delta x} = \lim \frac{\Delta^2 F_2(x)}{\Delta x^2} = \lim \frac{\Delta^3 F_3(x)}{\Delta x^3} \cdot \cdot \cdot \cdot \cdot \cdot$$

Les intégrales des divers ordres sont ou *indéfinies*, comme nous venons de le supposer, ou *définies*, c'est-à-dire ayant chacune leurs limites inférieure et supérieure. Dans ce dernier cas, il est visible que l'intégrale double peut être représentée géométriquement par le volume d'un prisme droit, ayant pour base la surface curviligne qui représente l'intégrale simple et pour hauteur la différence des limites de la seconde intégrale.

Quant aux intégrales supérieures, elles ne sont pas susceptibles d'une interprétation analogue.

On distingue enfin les intégrales prises successivement par rapport à diverses variables, chacune de ces variables étant considérée tour à tour comme seule variable et toutes les autres comme constantes.

Ces intégrations sont l'objet d'un théorème semblable à celui qui termine le n° 34 :

Le résultat final de plusieurs intégrations successives reste le même quel que soit l'ordre des intégrations.

Ainsi je dis qu'on a :

$$\int dy \int f(x,y)\, dx = \int dx \int f(x,y)\, dy\ .$$

Soit $F(x,y)$ la fonction résultant des intégrations indiquées au premier membre, et $\Phi(x,y)$ celle qui résulte des intégrations indiquées au second. Si je différentie $F(x,y)$ successivement par rapport à y et à x, je retombe sur la fonction donnée $f(x,y)$, en sorte que j'ai :

$$f(x,y) = \frac{d^2 F}{dy\, dx}\cdot$$

Si je différentie $\Phi(x,y)$ dans un ordre inverse, c'est-à-dire, d'abord par rapport à x et ensuite par rapport à y, je retombe également sur $f(x,y)$. J'obtiens donc :

$$f(x,y) = \frac{d^2\Phi}{dx\,dy},$$

d'où

$$\frac{d^2F}{dy\,dx} = \frac{d^2\Phi}{dx\,dy}.$$

Or le résultat de deux différentiations successives n'est pas changé quel que soit l'ordre des différentiations ; donc $F(x, y) = \Phi(x, y)$. Ce théorème s'étendrait facilement à un nombre quelconque d'intégrations.

La différentiation et l'intégration sont, comme nous avons dit, deux opérations inverses, qui se détruisent réciproquement. Il n'en est plus ainsi quand elles sont effectuées par rapport à des variables différentes. Dans ce cas chaque opération garde sa valeur, mais on peut intervertir l'ordre dans lequel elles doivent avoir lieu. C'est-à-dire qu'on a :

$$\frac{d\int f(x,y)\,dx}{dy} = \int \frac{df(x,y)}{dy}\,dx .$$

En effet, différentions les deux membres par rapport à x ; le second membre devient immédiatement $\dfrac{df(x,y)}{dy}$, puisque la différentiation et l'intégration, par rapport à la même variable, se détruisent. Quant au premier membre, on peut intervertir l'ordre des deux différentiations, et il devient $\dfrac{d}{dy}\dfrac{d\int f(x, y)\,dx}{dx}$, quantité qui se réduit aussi à $\dfrac{df(x,y)}{dy}$.

Les intégrales définies sont également l'objet de théo-

rèmes intéressants. On démontre, par exemple, que la
dérivée d'une intégrale définie, prise par rapport à l'une
des deux limites (considérée comme une variable), s'obtient en substituant simplement la limite à la variable indépendante, dans la fonction qui figure sous le signe
d'intégration, etc. Mais l'examen de ces diverses propositions nous entraînerait hors des bornes de cette étude.

CHAPITRE XX.

INTÉGRATION DES FONCTIONS IMPLICITES OU DES ÉQUATIONS DIFFÉRENTIELLES.

45. — Les procédés d'intégration que nous venons d'indiquer supposent que l'équation qui assigne la valeur de la quantité inconnue est une équation explicite, de la forme $dy = f(x)\,dx$; en d'autres termes la fonction à intégrer est censée être une fonction de x seulement.

Mais de même que dans le calcul différentiel nous avons été conduit à examiner des équations implicites ou non résolues par rapport à la variable dépendante, de la forme $f(x, y) = 0$, de même, pour concevoir le calcul intégral dans toute sa généralité, il faut envisager des équations dans lesquelles la différentielle dy ne puisse pas être dégagée ostensiblement, et où elle se trouve, au contraire, combinée d'une manière quelconque avec la variable indé-

pendante et même avec la fonction qu'il s'agit de trouver.
De sorte qu'on a à traiter des équation de la forme

$$f\left(x, y, \frac{dy}{dx}\right) = 0 \; .$$

La séparation de ce nouveau cas est même bien plus
marquée, relativement à l'intégration, que la séparation
analogue pour la différentiation [1]. « Dans le calcul diffé-
« rentiel, en effet, cette distinction ne repose, comme nous
« l'avons vu, que sur l'extrême imperfection de l'analyse
« ordinaire [2]. Mais, au contraire, il est aisé de voir que,
« quand même toutes les équations seraient résolues algé-
« briquement, les équations différentielles n'en consti-
« tueraient pas moins un cas d'intégration tout à fait dis-
« tinct de celui que présentent les formules différentielles
« explicites ; car, en se bornant, par exemple, au premier
« ordre et à une fonction unique y d'une seule variable x,
« pour plus de simplicité ; si l'on suppose résolue, par rap-
« port à $\frac{dy}{dx}$, une équation différentielle quelconque entre
« x, y et $\frac{dy}{dx}$, l'expression dé la fonction dérivée se trou-
« vant alors contenir généralement la fonction primitive
« elle-même qui est l'objet de la recherche, la question

---

[1] Ce passage est emprunté à la *Philosophie positive* de M. Auguste
Comte (tom. Ier, p. 206 et suivantes). Nous espérons que le lecteur ne nous
saura pas mauvais gré de reproduire *in extenso* des considérations auxquelles on suppléerait difficilement.

[2] En effet, si l'on savait résoudre une équation quelconque, on ramènerait toutes les fonctions implicites à être explicites, et il serait, dès lors,
inutile d'en faire la distinction pour la recherche des différentielles.

9.

« d'intégration n'aurait nullement changé de nature, et la
« solution n'aurait réellement fait d'autre progrès que
« d'avoir amené l'équation différentielle proposée à ne plus
« être que du premier degré, relativement à la fonction
« dérivée, ce qui est en soi de peu d'importance. La diffé-
« rentielle n'en serait donc pas moins déterminée d'une
« manière à peu près aussi *implicite* qu'auparavant, sous le
« rapport de l'intégration, qui continuerait à présenter
« essentiellement la même difficulté caractéristique. La
« résolution algébrique des équations ne pourrait faire
« rentrer le cas que nous considérons dans la simple
« intégration des différentielles explicites, que dans les
« occasions très-particulières où l'équation différentielle
« proposée ne contiendrait point la fonction primitive
« elle-même, ce qui permettrait, par conséquent, en la
« résolvant, de trouver $\dfrac{dy}{dx}$ en fonction de x seulement, et
« de réduire ainsi la question aux quadratures (intégrales
« simples).

« La considération que je viens d'indiquer pour les
« équations différentielles les plus simples aurait évidem-
« ment encore plus d'importance pour celles des ordres
« supérieurs, ou qui contiendraient simultanément diverses
« fonctions de plusieurs variables indépendantes. Ainsi,
« l'intégration des différentielles qui ne sont déterminées
« qu'implicitement constitue, par sa nature et sans aucun
« égard à l'état de l'algèbre, un cas entièrement distinct
« de celui relatif aux différentielles explicitement expri-
« mées en fonction des variables indépendantes. L'inté-
« gration des équations différentielles est donc nécessai-
« rement plus compliquée que celle des différentielles

« explicites, par l'élaboration desquelles le calcul intégral
« a pris naissance, et dont ensuite on s'est efforcé de faire,
« autant que possible, dépendre les autres. Tous les divers
« procédés analytiques proposés jusqu'ici pour intégrer les
« équations différentielles, soit la séparation des variables,
« soit la méthode des multiplicateurs, etc., ont, en effet,
« pour but de ramener ces intégrations à celles des for-
« mules différentielles, la seule qui, par sa nature, puisse
« être entreprise directement. Malheureusement, quel-
« que imparfaite que soit jusqu'ici cette base nécessaire de
« tout le calcul intégral, l'art d'y réduire l'intégration des
« équations différentielles est encore bien moins avancé. »

Ces réflexions nous dispensent d'insister davantage sur
la théorie des équations différentielles. Le but de cet essai
n'est pas d'exposer dogmatiquement l'analyse infinitésimale, mais d'en faire ressortir l'esprit et la portée. Sous ce
rapport, l'étude des équations différentielles n'ajouterait
rien à ce que montrent le calcul différentiel et le calcul
intégral, restreints aux limites que nous nous sommes
assignées. C'est dans les opérations fondamentales de ces
calculs, envisagées dans leur simplicité primitive, qu'on
saisit le mieux le véritable esprit de la science qui nous
occupe. Aussi, quand nous traiterons de la méthode infinitésimale, nous raisonnerons habituellement comme si les
questions étaient ramenées au cas élémentaire de la
recherche d'une dérivée ou d'une intégrale de fonction
d'une seule variable.

CALCUL DES VARIATIONS.

CHAPITRE XXI.

CONSIDÉRATIONS GÉNÉRALES SUR LE CALCUL DES VARIATIONS.

46. — Pour terminer cette exposition sommaire du calcul infinitésimal, il convient de dire quelques mots du *Calcul des variations,* créé par Lagrange.

Cette nouvelle et importante branche des mathématiques n'est pas, quoi qu'on en ait dit, un calcul *hypertranscendant,* distinct des calculs différentiel et intégral. C'est, comme le fait remarquer judicieusement un auteur de mérite[1], « une élégante application des principes du calcul

[1] Cournot, *Traité élémentaire de la théorie des fonctions* (tom. 1er, p. 9).

« différentiel aux fonctions renfermées sous un signe de
« quadrature (intégrale). »

Le but de cette invention a été de fournir des procédés
réguliers pour résoudre certaines questions de maximum
et de minimum qui échappent au calcul infinitésimal proprement dit.

Dans les questions ordinaires de maximum et de minimum, on se propose généralement de trouver la valeur
de la variable qui fait prendre à la fonction une valeur
plus grande ou plus petite que celle qui résulterait d'une
fixation un peu différente de cette variable. Quant à la nature même de la fonction, elle est supposée connue, je veux
dire par là qu'on sait de quelle manière la fonction est
composée avec la variable. Le calcul différentiel fournit
immédiatement la solution, en montrant que la valeur
cherchée de la variable est celle qui annule la dérivée de
la fonction (n° 21).

Mais on peut se proposer certaines questions pour
lesquelles la fonction même est inconnue : lorsqu'on demande, par exemple, de trouver l'équation de la courbe
dont la longueur comprise entre deux points donnés sur
une surface est un minimum; ou lorsqu'on demande quelle
est la courbe que devrait suivre un mobile sollicité par la
pesanteur pour parvenir d'un point à un autre dans le
moindre temps possible ; ou encore lorsqu'on cherche la
courbe fermée qui, sous une longueur donnée, circonscrit
la plus grande surface, etc., etc. Dans ces questions et
dans une foule d'autres du même genre, la solution habi-
tuelle du calcul différentiel n'est plus applicable, puisque,
la fonction primitive elle-même étant inconnue, on n'en
peut connaître la dérivée et par suite déterminer la valeur

de la variable susceptible de l'annuler. Mais si l'on procède à la mise en équations, sans se préoccuper des difficultés ultérieures que nous venons de signaler, on est uniformément conduit, dans chaque cas, à une intégrale définie[1] qui porte sur la fonction qu'il s'agit de déterminer. Quant aux limites de l'intégrale, elles sont tantôt connues directement (lorsqu'il s'agit, par exemple, d'une courbe qui doit être comprise entre deux points donnés), tantôt connues indirectement (comme dans le dernier problème cité, où les limites résultent implicitement de ce que le périmètre a une longueur déterminée).

47. — C'est à de semblables recherches que s'applique le calcul des variations.

Pour en faire saisir l'esprit, reprenons une des questions précédentes, où la fonction inconnue représente l'ordonnée d'une certaine courbe dont la longueur doit être un minimum.

Si le problème était résolu, il est visible qu'en modifiant la fonction d'une manière quelconque, on obtiendrait une autre courbe, distincte de la courbe de solution, et dont la longueur serait plus grande, puisque, par hypothèse, la première est un minimum. La manifestation de ce minimum est donc que la différence entre la longueur de la courbe, déduite de l'équation modifiée, et la longueur déduite de l'équation primitive, est constamment positive, quelles que soient la nature et l'importance de la modifica-

---

[1] Celle qui exprime soit la longueur de la courbe, soit la durée de la descente du mobile, soit l'aire inscrite, etc.

tion opérée. Telle est la condition qu'il s'agit d'exprimer algébriquement.

Pour y parvenir, remarquons que la modification pouvant être produite d'une manière absolument quelconque, rien n'empêche d'adopter un mode uniforme, consistant, par exemple, à faire varier un des paramètres de la fonction. Ainsi, dans l'équation d'une ellipse, on pourrait faire varier l'un des axes ou l'excentricité ; dans celle d'une parabole, la distance focale, etc., etc.

Dès lors, pour une même valeur de la variable indépendante, la fonction prendra des accroissements en rapport avec les accroissements du paramètre ; tout comme si ce paramètre constituait la variable indépendante, et que les autres quantités fussent les constantes.

La portion *principale* de l'accroissement de la fonction (correspondant à la *différentielle* dans le cas ordinaire), se nomme la *variation* de la fonction, et s'obtient par une différentiation, effectuée d'après les procédés usuels, mais par rapport au paramètre ainsi choisi.

Comme nous verrons bientôt (n° 49) que le signe de l'accroissement est déterminé par celui de la variation, nous sommes conduit à calculer la valeur de la variation de l'intégrale définie, quand on suppose que la fonction inconnue, qui figure dans son expression, subit elle-même une certaine variation correspondant à une modification déterminée.

C'est un problème de même nature, quoique incomparablement plus difficile, que celui-ci, qu'on résoud dans le calcul différentiel : étant supposé connue la différentielle d'une fonction, trouver la différentielle d'une fonction de cette fonction.

48. — La détermination de la variation de l'intégrale définie s'effectue par des procédés réguliers, qui constituent la partie fondamentale du calcul des variations, et dont la possibilité théorique ne soulève évidemment aucune objection. Quant au détail même des calculs, les bornes de ce travail ne nous permettent pas de nous y arrêter ; et nous sommes obligé de renvoyer aux Traités spéciaux sur la matière. Nous nous bornerons à retracer succinctement les principales règles sur lesquelles on s'appuie :

1° On peut intervertir l'ordre de la différentiation et de la variation.

Ainsi, je dis qu'on a :

$$\delta\, dy = d\, \delta y\,;$$

δ étant la caractéristique de la variation, et y représentant une fonction quelconque.

En effet, la variation n'étant qu'une différentiation prise par rapport à une quantité autre que la variable indépendante, on peut intervertir l'ordre des deux différentiations successives.

2° On peut intervertir l'ordre de l'intégration et de la variation.

Ce qui signifie :

$$\delta \int y\, dx = \int \delta\,(y\, dx)\,.$$

C'est toujours d'après le motif que la variation représente une différentiation étrangère à la variable indépendante. Rien n'empêche d'intervertir l'ordre d'une différentiation et d'une intégration relatives à des variables différentes.

3° Les propositions concernant la différentiation (n° 28) peuvent être reproduites, d'une manière analogue, pour la variation.

Ainsi, la variation d'une somme de termes est égale à la somme des variations de chaque terme; la variation d'un produit est égale à la somme des quantités obtenues en multipliant successivement la variation de chaque terme par le produit de tous les autres, etc., etc.

4° Toujours par analogie de ce qui a lieu dans la différentiation, on distingue des variations de divers ordres, savoir :

La variation *première,* ou simplement la variation, qui, comme nous l'avons déjà dit, est la portion de l'accroissement de la fonction qui correspond à la différentielle;

La variation *seconde,* qui est la variation de la variation première;

Et en général la variation $n^{\text{ième}}$, qui est la variation de la variation $n - 1^{\text{ième}}$.

Ces variations sont représentées dans les formules par les caractéristiques δ, δ^2, δ^3, ... δ^n.

De ces notations résulte, qu'en désignant par y une fonction quelconque et par Dy l'accroissement obtenu par voie de variation, la valeur de cet accroissement pourra être exprimée de la manière suivante :

$$Dy = \delta y + \frac{1}{1.2} \delta^2 y + \frac{1}{1.2.3} \delta^3 y + \ldots \ldots$$

La forme de ce développement n'est autre que celle

trouvée au n° 35 ; elle convient également ici, car la variation est une différentiation prise par rapport à une certaine variable.

49. — Revenons actuellement au problème de minimum considéré tout à l'heure ; et supposons que, par les procédés usités, on soit parvenu à déterminer l'expression de la variation de l'intégrale définie qui représente la longueur de la courbe. Je dis que, pour exprimer la loi du minimum, il faut égaler à zéro la valeur de la variation. En effet, l'accroissement obtenu, en faisant varier la fonction de laquelle dépend la nature de la courbe, doit être constamment positif. Or, cet accroissement pouvant être mis sous la forme de la série ci-dessus, et la grandeur des termes pouvant être diminuée au point que le signe de l'accroissement soit déterminé par celui de la variation du premier ordre, il est nécessaire que cette variation soit nulle. La condition ainsi exprimée, portant précisément sur la fonction inconnue elle-même, permet de déduire cette dernière, et, par suite, d'établir l'équation de la courbe cherchée.

Ces considérations nous paraissent montrer suffisamment que si le calcul de Lagrange constitue une innovation capitale, au point de vue des opérations algébriques destinées à fournir la solution des problèmes, il ne modifie en rien l'esprit même du calcul infinitésimal proprement dit.

CALCUL AUX DIFFÉRENCES FINIES

CHAPITRE XXII.

REMARQUE SUR LE CALCUL AUX DIFFÉRENCES FINIES.

50. — Nous devons signaler, mais seulement *pour mémoire*, deux branches de calcul qu'on comprend assez ordinairement dans l'analyse infinitésimale, bien qu'elles appartiennent en réalité à l'analyse algébrique. Je veux parler du *Calcul direct* et du *Calcul inverse aux différences finies*, créés par le géomètre anglais Taylor. Si nous les mentionnons ici, c'est uniquement pour prémunir contre la fausse idée qu'on pourrait se former sur leur conception fondamentale.

Le calcul direct aux différences finies a pour objet essentiel de déterminer les valeurs des accroissements des fonctions correspondant à des accroissements *finis* des variables. Il se distingue radicalement du calcul différentiel en ce que les accroissements n'y étant pas supposés infiniment petits, le rapport de la différence de la fonction à la différence de la variable, n'y peut jamais recevoir cette grande simplification qui résulte de l'hypothèse de $\Delta x = 0$ dans la fonction obtenue pour exprimer le rapport $\frac{\Delta y}{\Delta x}$. Ainsi, le calcul aux différences finies perd précisément le caractère propre à l'analyse transcendante[1].

Le calcul inverse ou calcul intégral aux différences finies, consiste, comme son nom l'indique, à déterminer réciproquement une fonction quand on connaît sa différence finie, ou lorsqu'on a une relation entre cette fonction, la variable dont elle dépend et quelques-unes de ses différences.

Le véritable objet du calcul aux différences est la théorie générale des *suites* ou successions de quantités numériques se déduisant les unes des autres d'après une loi donnée. Les *sommations* de ces suites, ainsi que les *formules d'interpolation*, en sont des applications importantes.

---

[1] « Ce qui fait le caractère propre de l'analyse de Leibnitz, et la cons-
« titue en un caractère vraiment distinct et supérieur, c'est que les fonc-
« tions dérivées sont, en général, d'une toute autre nature que les fonctions
« primitives, en sorte qu'elles peuvent donner lieu à des relations plus
« simples et d'une formation plus facile, d'où résultent les admirables
« propriétés fondamentales de l'analyse transcendante, expliquées dans
« les leçons précédentes. Mais il n'en est nullement ainsi pour les *diffé-*
« *rences* considérées par Taylor ; car ces différences sont, par leur nature,
« des fonctions semblables à celles qui les ont engendrées, ce qui les rend
« impropres à faciliter l'établissement des équations , et ne leur permet
« pas davantage de conduire à des relations plus générales. »

(Auguste Comte, *Philosophie positive*, t. 1, p. 237.)

TROISIÈME PARTIE.

MÉTHODE INFINITÉSIMALE.

CHAPITRE PREMIER.

51. — Dans une même question d'analyse infinitésimale, on est souvent conduit à employer, à la fois, plusieurs quantités infiniment petites. Quand on cherche, par exemple, la tangente à une courbe, on considère simultanément l'accroissement de l'abscisse et l'accroissement de l'ordonnée, qui sont l'un et l'autre infiniment petits. De même, l'arc, la corde et l'accroissement de l'ordonnée d'une courbe, qui correspondent à un accroissement de l'abscisse, sont autant de quantités infiniment petites.

Dans les cas que nous venons de citer, les infiniment petits considérés sont tous dépendants les uns des autres. C'est ce qui a lieu forcément lorsque la question ne comporte qu'une seule variable indépendante. Cette variable venant à recevoir un accroissement infiniment petit, les accroissements des autres variables sont déterminés par le premier, en sorte que tous ces infiniment petits dépendent les uns des autres. Dès lors on peut concevoir que leur valeur soit rapportée à celle de l'un d'eux choisi arbitrairement pour terme de comparaison, et qu'on appelle par ce motif infiniment petit *principal* [1].

Quand la question comporte plusieurs variables indépendantes, les accroissements de ces variables peuvent avoir simultanément des valeurs arbitraires, et il en résulte autant d'infiniment petits indépendants ou principaux. Mais comme rien n'empêche de supposer une relation quelconque entre eux, d'admettre, par exemple, qu'on augmente toutes les variables de quantités égales ou proportionnelles, on se retrouve, si l'on veut, dans le même cas que lorsqu'on a un seul infiniment petit principal. Le plus souvent on ne fait aucune hypothèse particulière sur les valeurs relatives des divers infiniment petits indépendants : on se borne à admettre tacitement qu'ils appartiennent au *même ordre de grandeur*, expression dont nous verrons tout à l'heure la signification.

Si nous comparons avec l'infiniment petit principal tous les autres infiniment petits qui figurent dans la même question, nous reconnaîtrons que les rapports tantôt convergent vers des limites finies, tantôt convergent vers zéro.

---

[1] Comme on prend ordinairement pour infiniment petit principal l'accroissement de la variable indépendante, le terme d'infiniment petit *indépendant* serait mieux choisi, en ce qu'il rappellerait que la grandeur en est arbitraire et que celle des autres infiniment petits en dépend nécessairement. Toutefois, la désignation de principal ayant prévalu, nous l'avons adoptée nous-même.

C'est ainsi que le rapport de l'accroissement de l'ordonnée d'une courbe à l'accroissement de l'abscisse tend vers une limite finie, qui est la valeur de la tangente trigonométrique de l'angle formé par la tangente à la courbe avec l'axe des abscisses. De même les accroissements des ordonnées de la courbe et de la tangente ont un rapport qui a pour limite l'unité; tandis que la partie de l'ordonnée interceptée entre la courbe et la tangente, comparée avec l'ordonnée entière, soit de la courbe, soit de la tangente, fournit un rapport dont la limite est zéro.

On conçoit, du reste, d'une manière générale, que α désignant un infiniment petit quelconque, pris pour terme de comparaison, les quantités $M\alpha$, $M\alpha^2$, $M\alpha^3$,.... (M étant une quantité finie, fixe ou variable) sont aussi infiniment petites, puisqu'elles ont toutes pour limite zéro; mais leurs rapports avec l'infiniment petit principal α tendent vers des limites différentes. Le rapport de $M\alpha$ à α est représenté par M, qui, par hypothèse, a une valeur finie; celui $M\alpha^2$ à α a pour limite zéro, puisqu'il est égal à $M\alpha$; à plus forte raison en est-il ainsi des rapports de $M\alpha^3$, $M\alpha^4$, etc., etc. Tous les infiniment petits supérieurs à $M\alpha$, comparés avec l'infiniment petit principal, fournissent des quotients qui convergent vers zéro, mais qui n'y convergent pas de la même manière, puisque l'un y arrive par l'expression $M\alpha$, l'autre par l'expression $M\alpha^2$, etc., etc. Nous sommes dès lors conduit à distinguer non-seulement entre les infiniment petits dont les rapports avec le principal tendent vers des limites finies et ceux dont les rapports tendent vers zéro, mais encore, parmi ces derniers, ceux qui y arrivent par diverses puissances de α. Cette nouvelle distinction est très-logique, car deux infiniment petits tels que $M\alpha^2$ et $N\alpha^2$ ne sont pas dans les mêmes relations que $M\alpha^2$ et $M\alpha^3$, puisque les deux premiers, tout en ayant avec l'infiniment petit principal des rapports qui tendent vers zéro ($M\alpha$ et $N\alpha$), sont entre eux dans un rapport fini $\left(\dfrac{M}{N}\right)$, tandis que le quotient de $M\alpha^3$ par $M\alpha^2$ est un infiniment petit α.

De là, diverses catégories d'infiniment petits, établies relativement à celui qu'on choisit pour terme de comparaison.

52. — On nomme infiniment petit du *premier ordre* celui dont le rapport avec l'infiniment petit principal converge vers une limite finie[1].

Ainsi α désignant l'infiniment petit principal, tout autre infiniment petit $\mathcal{6}$ sera dit du premier ordre, si l'on a :

$$\lim \frac{\mathcal{6}}{\alpha} = M \;;$$

M étant une quantité finie.

[1] On remarquera que nous disons *converge vers une limite finie*, et non *à une valeur finie*; parce que généralement le rapport de deux infiniment petits varie à mesure qu'ils décroissent, au lieu d'être indépendant de la grandeur absolue qu'on leur attribuerait à un moment donné. Ainsi le rapport d'un arc de cercle à sa corde tend vers l'unité, mais ce rapport n'a pas la même valeur selon que l'arc est supposé deux fois plus grand ou deux fois plus petit. Ce qu'il y a lieu de considérer c'est donc la limite vers laquelle converge le rapport des infiniment petits, à mesure qu'on les ramène vers zéro. On rencontre quelques cas où le rapport des infiniment petits est indépendant de leur grandeur absolue : ainsi, dans un cercle, le rapport de l'arc à l'angle au centre correspondant. Mais ces exceptions n'infirment point la convenance de la définition générale que nous avons adoptée, puisqu'en ces cas particuliers la limite du rapport des infiniment petits se trouve simplement atteinte dès l'origine.

Ou en déduit :

$$\frac{\varepsilon}{\alpha} = M + \delta \; ;$$

étant une quantité qui converge vers zéro en même temps que α, ou qui est infiniment petite par rapport à M.

Il résulte que

$$\varepsilon = \alpha \, (M + \delta)$$

sera l'expression d'un infiniment petit quelconque du premier ordre. Tous ceux du même ordre ne différeront que par la valeur de M.

On nomme infiniment petit du *second ordre* celui dont le rapport avec l'infiniment principal a pour limite un infiniment petit du premier ordre ; c'est-à-dire que γ étant du second ordre, on doit avoir :

$$\lim \frac{\gamma}{\alpha} = \alpha \, M \; ,$$

M étant une quantité finie ; d'où

$$\frac{\gamma}{\alpha} = \alpha \, (M + \delta) \; ;$$

δ désignant, comme précédemment, une quantité infiniment petite par rapport à M.

D'après cela,

$$\gamma = \alpha^2 \, (M + \delta)$$

sera l'expression d'un infiniment petit quelconque du second ordre.

D'une manière générale, l'infiniment petit du $n^{ème}$ ordre est celui dont le rapport avec l'infiniment petit principal est de l'ordre $n - 1$; et son expression est

$$\omega = \alpha^n \, (\mathrm{M} + \delta) \; .$$

53. — Un remarquable exemple d'infiniment petits de divers ordres est fourni par le tableau des dérivées successives d'une fonction. La dérivée de l'ordre n est égale à la limite du rapport $\dfrac{\Delta^n y}{\Delta x^n}$. Les quantités Δx^n, $\Delta^n y$ sont des infiniment petits de l'ordre n.

Aussi peut-on dire qu'une dérivée quelconque implique la considération d'infiniment petits du même ordre que celui de la dérivée.

Une particularité qui paraît assez surprenante au premier abord, c'est que les différences successives des accroissements conduisent à des infiniment petits d'ordres de plus en plus élevés. On ne voit pas immédiatement pourquoi, par exemple, la différence seconde ou $\Delta^2 y$ est un infiniment petit du second ordre ; car cette quantité résulte de la différence prise entre deux différences premières Δy et Δy_2, qui sont des infiniment petits du premier ordre. Or, la différence de deux quantités est en général de la même catégorie de grandeur que ces quantités : il semble donc que $\Delta^2 y$ devrait être du même ordre que Δy.

Cette difficulté disparaît si l'on remarque que les quantités dont on prend ici la différence ne sont pas des quantités indépendantes l'une de l'autre, mais assujetties, au contraire, à cette loi de génération d'être les accroissements d'une même fonction correspondant à des valeurs infiniment voisines de la variable. L'accroissement d'une fonction étant sensiblement égal au produit de la dérivée par l'accroissement de la variable, les accroissements dont il s'agit ne diffèrent entre eux que d'une quantité égale au produit de l'accroissement de la variable par la différence des valeurs de la dérivée correspondant aux valeurs infiniment voisines de la variable. Or, la différence des dérivées est infiniment petite : celle qui existe entre les accroissements est donc un infiniment petit du second ordre. C'est la même observation qui se présente pour la différentielle et l'accroissement d'une fonction : ces deux quantités sont des infiniment petits simples; mais leur différence est du deuxième ordre.

CHAPITRE II.

Première proposition.

54. — Deux quantités fixes, entre lesquelles on suppose
qu'il n'existe qu'une différence infiniment petite, n'ont
réellement pas de différence, et sont rigoureusement
égales.

Puisque ces quantités sont fixes, leur différence ne peut
être elle-même qu'une quantité *fixe* et *déterminée*, et
ne saurait être égale à une quantité infiniment petite,
qui, de sa nature, est éminemment variable. Il faut en conclure que l'inégalité supposée n'est qu'apparente, et que
l'infiniment petit, qui est censé la représenter, figure abu-

sivement dans la formule, où il s'est introduit par suite de quelque erreur de calcul passée inaperçue. Si donc on est bien assuré que la différence entre les quantités fixes ne peut être autre chose que cet infiniment petit, on est assuré, du même coup, que cette différence n'existe pas. Par conséquent, on a non-seulement le droit, mais encore le devoir de supprimer l'infiniment petit dans les relations, afin d'y rétablir la réalité des choses.

On se fait souvent de ce théorème une idée très-fausse qui tient à l'énoncé sous lequel on le présente. On dit simplement que *deux quantités dont la différence est infiniment petite sont égales ;* et le souvenir qu'on garde de cette proposition, c'est que la différence est comme négligeable par rapport aux quantités elles-mêmes. On y voit une sorte d'approximation, suffisante et au delà pour nos besoins, plutôt qu'*une vérité absolue.* C'est pourtant à ce dernier point de vue qu'on doit l'envisager, puisque la différence supposée n'est ni extrêmement petite ni infiniment petite, mais bien rigoureusement nulle, ou pour mieux dire n'existe que dans de fausses apparences.

Deuxième proposition.

55. — Deux quantités finies variables, qui ne diffèrent que d'une quantité infiniment petite, convergent vers la même limite.

Car les deux variables peuvent être rapprochées de leurs limites au point de n'en différer respectivement que d'une quantité infiniment petite ; et, comme la différence des deux variables, amenées à ce point-là, est supposée tou-

jours infiniment petite, la différence des deux limites, —
qui ne pourrait surpasser la différence des variables, augmentée des différences de ces variables avec leurs limites,
— serait elle-même infiniment petite. Or, les limites étant
des quantités fixes, et leur différence étant infiniment petite, elles sont rigoureusement égales, en vertu de la proposition précédente.

On peut dire aussi que le rapport des deux variables
entre elles tend vers l'unité à mesure que ces variables
convergent vers leurs limites.

Conséquences.

Si deux infiniment petits du premier ordre ne diffèrent
que d'un infiniment petit d'ordre supérieur, leurs rapports
avec l'infiniment petit principal convergent vers la même
limite.

En effet, d'après la définition même des infiniment petits
de divers ordres, les rapports dont il s'agit représentent
des quantités variables tendant vers des limites finies ; et,
d'autre part, le rapport de l'infiniment petit d'ordre supérieur, qui représente leur différence, à l'infiniment petit
principal, est lui-même infiniment petit. Nous rentrons
ainsi dans le cas de la proposition précédente, de deux
variables finies qui ont une différence infiniment petite.

Ce que nous disons là des rapports avec l'infiniment
petit principal s'applique aussi bien aux rapports avec un
infiniment petit quelconque du même ordre ; car ces derniers rapports convergent également vers des limites
finies.

La même conséquence peut s'étendre à deux infiniment petits d'ordre quelconque, qui ne différeraient que d'un infiniment petit d'ordre supérieur, et dont on prendrait le rapport avec un troisième infiniment petit du même ordre.

On peut énoncer ces conséquences autrement, en disant que le rapport de deux infiniment petits, dont la différence est d'un ordre supérieur, a pour limite l'unité.

De ce qui précède résulte encore ceci :

Toutes les fois qu'on se propose de passer aux limites de deux variables finies, ou aux limites des rapports d'infiniment petits d'un même ordre, on a toujours le droit de supprimer l'infiniment petit d'ordre supérieur qui représente la différence, parce que son influence disparaît nécessairement quand on passe aux limites des variables ou des rapports. En un mot, bien que les variables ou les rapports aient entre eux des différences certaines, on peut toujours agir comme si l'égalité parfaite avait lieu ; à la condition, je le répète, qu'on se propose de passer aux limites de ces quantités.

Troisième proposition.

56. — Si l'on a deux sommes d'infiniment petits d'un certain ordre, convergeant chacune vers une limite finie, et telles que les infiniment petits de l'une ne diffèrent respectivement des infiniment petits de l'autre que de quantités infiniment petites d'ordre supérieur, les limites de ces deux sommes sont nécessairement égales.

Puisque les infiniment petits des deux sommes ne diffèrent, chacun de chacun, que d'un infiniment petit supérieur, leur rapport tend vers l'unité. Or, on sait, d'une manière générale, que si l'on prend une suite de rapports dont les numérateurs et les dénominateurs soient tous positifs, la somme des numérateurs, divisée par la somme des dénominateurs, fournit une fraction dont la valeur tombe entre le plus petit et le plus grand des rapports donnés [1]. Dans le cas qui nous occupe, chacun des rap-

[1] Il est très-facile de s'en rendre compte. Soit les fractions $\frac{a}{b}$, $\frac{c}{d}$, $\frac{e}{f}$,... $\frac{m}{n}$, que je suppose rangées par ordre de grandeur : $\frac{a}{b} < \frac{c}{d} < \frac{e}{f}$..... $< \frac{m}{n}$. Je prends d'abord les deux premières, et je dis que $\frac{a+c}{b+d}$ sera plus grand que $\frac{a}{b}$ et moindre que $\frac{c}{d}$. En effet, soit un autre rapport $\frac{c'}{d}$ égal à $\frac{a}{b}$; il est évident que $\frac{a+c'}{b+d}$ sera égal à $\frac{a}{b}$. Puisque $\frac{c}{d}$ surpasse $\frac{a}{b}$, et par suite $\frac{c'}{d}$, il faut que c soit plus grand que c'. Donc $\frac{a+c}{b+d}$ est plus grand que $\frac{a+c'}{b+d}$, et par conséquent plus grand que $\frac{a}{b}$. On verrait de la même manière qu'en ajoutant $\frac{a}{b}$ à $\frac{c}{d}$ on forme un rapport moindre que $\frac{c}{d}$. La proposition étant ainsi établie pour deux fractions, on l'étend sans peine à une troisième $\frac{e}{f}$. Car soit $\frac{e'}{f}$ un autre rapport égal à $\frac{a+c}{b+d}$. Il est clair que $\frac{a+c+e'}{b+d+f}$ sera encore égal à $\frac{a+c}{b+d}$. Mais puisque $\frac{e}{f}$ est, par hypothèse plus grand que $\frac{c}{d}$, qui est plus grand que $\frac{a+c}{b+d}$, il s'ensuit que $\frac{e}{f}$ est plus grand que $\frac{a+c}{b+d}$ ou que $\frac{e'}{f}$. Donc e surpasse e' et dès lors $\frac{a+c+e}{b+d+f}$ surpasse $\frac{a+c+e'}{b+d+f}$ ou $\frac{a+c}{b+d}$. A plus forte raison ce rapport surpasse-t-il $\frac{a}{b}$. On verrait de même qu'il est moindre que $\frac{e}{f}$; et ainsi de suite pour un nombre quelconque de fractions.

ports converge vers l'unité : le rapport des sommes doit y converger aussi. Ces sommes ont donc la même limite.

Conséquence.

Dans les calculs où se présenteraient effectivement des sommes telles que nous venons de les supposer, on pourrait supprimer immédiatement les infiniment petits de l'ordre supérieur, — à la condition, bien entendu, qu'on se propose de passer aux limites de ces sommes; — car l'erreur qu'on introduit dans les équations en faisant disparaître un de leurs éléments, cesse d'avoir aucune influence quand on passe aux limites elles-mêmes.

Quatrième proposition.

57. —Dans toutes les questions où l'on cherche la limite d'un rapport ou la limite d'une somme d'infiniment petits, on peut, sans altérer la valeur des limites, remplacer chaque infiniment petit par un autre qui n'en diffère que par un infiniment petit d'ordre supérieur, ou dont le rapport avec le précédent converge vers l'unité.

Cet important théorème, qu'on peut nommer *Principe de substitution des quantités infinitésimales*, est une conséquence directe des deux propositions que nous venons d'établir. Nous savons en effet que des infiniment petits qui diffèrent seulement par un infiniment petit d'ordre supérieur, donnent lieu à des rapports ou à des sommes qui convergent vers les mêmes limites. En faisant la substitution dont il s'agit, on ne change pas la valeur des limites cherchées.

Conséquences.

Toutes les fois que, dans une équation, figure un rapport ou une somme d'infiniment petits, et qu'on se propose d'en prendre la limite ultérieurement, on peut, sans attendre jusqu'à ce moment, faire immédiatement les substitutions dont nous venons de parler; car l'erreur ainsi commise sera passagère et perdra son influence lorsqu'on passera aux limites elles-mêmes.

La valeur d'une fonction dérivée ou d'une fonction intégrale n'est pas changée quand on fait subir aux infiniment petits qui entrent dans leur expression les modifications que nous venons d'indiquer, car ces fonctions représentent précisément les valeurs des limites de rapport ou des limites de somme de ces infiniment petits.

CHAPITRE III.

SIMPLIFICATION DES ÉQUATIONS INFINITÉSIMALES.

58. — Les propositions précédentes servent de base à la méthode infinitésimale et fournissent un moyen assuré d'opérer la simplification des équations.

Deux cas sont à considérer, selon qu'en faisant décroître l'infiniment petit principal, les membres des équations finales convergent vers des limites finies, ou selon qu'ils tendent à s'annuler simultanément.

Dans le premier cas, on peut, d'après la 2ᵉ Proposition (Nº 55), altérer chacun des membres de quantités infiniment petites ; car cette altération ne change pas les limites. On peut donc supprimer dans les équations les termes infiniment petits, s'il en existe, ou en introduire de nouveaux, ou les remplacer par d'autres entièrement

11

arbitraires. La limite d'un membre d'équation étant égale
à la somme des limites de ses divers termes, ce que nous
venons de dire pour l'équation prise en bloc s'applique
à chaque terme isolément. Ainsi les divers termes de l'é-
quation, qui ont des limites finies, peuvent être altérés
de quantités infiniment petites, d'une manière tout à fait
arbitraire. On peut notamment, si ces termes se présentent sous forme de limites de rapports, en altérer le numérateur et le dénominateur de quantités infiniment petites
relativement à eux-mêmes : puisque d'après la 4ᵉ proposition (Nº 57) la valeur de la limite n'est pas changée.
Des altérations analogues sont permises, d'après la même
proposition, si les termes affectent la forme de limites de
sommes. Cette faculté permet en certaines circonstances
de se débarrasser, par des suppressions pures et simples
ou par des substitutions, d'une multitude de termes qui
compliquent inutilement les équations finales, en entravent
le calcul, et masquent les véritables relations qu'elles
expriment.

Si les membres d'une équation tendent à s'annuler avec
l'infiniment petit principal, c'est que leurs divers termes
sont infiniment petits. Je dis que dans ce cas on peut supprimer immédiatement tous les infiniment petits autres
que ceux dont l'ordre est le moins élevé. En effet, une
équation dont les deux membres ont pour limites zéro
n'est pas destinée à rester sous cette forme, car elle four-
nirait l'identité insignifiante o = o. Mais elle doit réellement conduire à des quantités finies, soit en divisant tous
les termes par un même infiniment petit, soit en faisant la
somme d'une infinité d'équations analogues. Si, par exemple, l'ordre le moins élevé est le premier, il est clair qu'en

divisant par un infiniment petit de cet ordre, les termes du premier ordre fourniront des rapports finis, et tous les autres des rapports infiniment petits, lesquels, d'après ce qui précède, pourront être négligés. Si l'ordre le moins élevé était le second, on diviserait par un infiniment petit du second ordre, et tous les termes de degrés supérieurs donneraient des quantités infiniment petites. Ainsi, d'une manière générale, on peut supprimer dans l'équation proposée tous les infiniment petits autres que ceux de l'ordre le moins élevé; ou, ce qui revient au même, altérer ceux-ci d'une quantité infiniment petite par rapport à eux-mêmes. En vertu de ce principe, si l'on avait, je suppose, à substituer dans l'équation la valeur d'un infiniment petit donnée par une série de termes de divers ordres, on se contenterait d'écrire ceux de l'ordre le moins élevé[1].

Les considérations qui précèdent s'appliquent aux équations finales, c'est-à-dire à celles pour lesquelles il ne reste plus qu'à passer aux limites des quantités variables qu'elles renferment. Il est facile de pousser plus loin cette simplification.

Le plus souvent, les équations finales ne s'obtiennent pas directement, et l'on y parvient après une succession d'équations intermédiaires, dans lesquelles sont engagées,

---

[1] C'est ce qui arriverait, par exemple, si l'on avait à remplacer, dans l'équation finale, l'accroissement Δy par sa valeur en fonction de l'accroissement de la variable indépendante :

$$\Delta y = f'(x)\,\Delta x + \tfrac{1}{1}f''(x)\frac{\Delta x^2}{1.2} + f'''(x)\frac{\Delta x^3}{1.2.3} + \dots ;$$

on pourrait se borner à écrire $f'(x)\,\Delta x$ à la place de Δy.

11.

sous diverses formes, les quantités variables dont il y aura lieu plus tard de rechercher les limites. Avec ces quantités se trouvent en même temps des infiniment petits, d'ordres supérieurs, destinés à disparaître dans le passage aux limites, et dont nous venons de voir comment la suppression pouvait être opérée, purement et simplement, dans l'équation finale. Mais puisque ces infiniment petits, disons-nous, doivent diparaître, quelle nécessité de les traîner en quelque sorte dans tout le cours du calcul? N'est-il pas plus naturel et plus commode d'effectuer la suppression au fur et à mesure que l'occasion s'en présente, c'est-à-dire dès que les éléments inutiles apparaissent dans les formules? Les équations intermédiaires qui auront été l'objet de pareilles simplifications seront nécessairement inexactes ; mais cette inexactitude n'est autre que celle qu'on aurait fait naître en opérant uniquement sur les équations finales ; et nous avons vu que de telles erreurs perdent leur influence, ou plutôt cessent d'être des erreurs , dès que le passage aux limites est effectué.

59. — C'est dans ce genre de simplifications (des équations intermédiaires) qu'il convient d'apporter la plus grande circonspection pour ne pas risquer de compromettre la rigueur du résultat final. Il faut être bien assuré que la simplification faite en passant aurait pu être légitimement réalisée dans les équations dernières. Supposons, par exemple, que des quantités finies, qui figurent dans des relations intermédiaires, soient destinées à s'évanouir, par des compensations encore inaperçues, dans l'équation définitive, en sorte que celle-ci ne doive renfermer réellement que des infiniment petits de divers

ordres. Les simplifications légitimes consisteront évidemment à supprimer tous les infiniment petits supérieurs à ceux du premier ordre et à conserver ces derniers. Si dans une équation intermédiaire on a eu à la fois des quantités finies et des infiniment petits du premier ordre, et si, dans l'ignorance où l'on est encore de la future disparition des quantités finies, on supprime à côté d'elles les infiniment petits, on ne retrouvera plus dans l'équation finale les véritables éléments qui devraient s'y rencontrer, et dès lors la valeur des limites ne pourra pas être obtenue [1].

Il est impossible de fixer aucune règle générale pour prévenir ce danger. C'est avec une grande habitude de l'analyse qu'on en arrive à cette sorte d'intuition qui fait discerner si telle ou telle suppression dans le cours des calculs est de nature à engendrer une erreur. Cette sûreté de coup d'œil est moins difficile à acquérir qu'on ne pourrait le supposer au premier abord. Malgré la diversité des questions, les infiniment petits dont on fait usage sont généralement, les uns vis-à-vis des autres, dans des rapports de grandeur connus à l'avance. Quand on traite, par exemple, un problème de géométrie, on est presque toujours amené à la considération de quelque triangle in-

---

[1] C'est un cas semblable qui se produirait si, rencontrant à la fois dans une équation intermédiaire l'accroissement infiniment petit d'une quantité, diminué de sa différentielle, et des infiniment petits d'ordres supérieurs, on supprimait ces derniers par rapport à l'accroissement et à la différentielle, qui sont du premier ordre. La différence entre ces deux éléments constitue en réalité un infiniment petit du second ordre, en présence duquel on n'a pas le droit de négliger ceux qui se trouvent dans la même relation.

finitésimal, comme celui qui est formé par l'accroissement de l'abscisse, l'accroissement de l'ordonnée et la corde de l'arc. Souvent aussi on est en présence d'un angle et des lignes trigonométriques correspondantes. Or, l'on sait, une fois pour toutes, à quels ordres d'infiniment petits ces considérations donnent lieu, et l'on ne risque pas de prendre le change sur la grandeur de ceux qui peuvent être éliminés sans inconvénient. C'est ce qui ressortira plus clairement du chapitre suivant, où nous passerons en revue les principaux éléments qui se présentent dans la solution des problèmes de géométrie. La marche suivie pour déterminer les ordres respectifs de grandeur de ces éléments, montrera comment on peut généralement s'en rendre compte et s'édifier ainsi sur la légitimité des suppressions à opérer dans le cours des calculs.

60. — La conclusion générale à tirer des réflexions précédentes, c'est que les équations infinitésimales sont toujours amenées, par des suppressions légitimes, à ne renfermer que des quantités *du même ordre de grandeur;* puisque toutes celles d'ordres supérieurs disparaîtraient nécessairement dans le passage aux limites.

On doit voir là une sorte de principe d'*homogénéité* analogue à celui d'après lequel, en algèbre, les termes d'une équation exprimant la loi analytique d'un phénomène quelconque, sont tous du même degré.

La règle à suivre, pour ne pas s'égarer dans les simplifications, est donc de rendre toujours les équations *homogènes* par rapport à l'ordre de grandeur le moins élevé des diverses quantités qui s'y trouvent. Et l'on ramène à cette homogénéité non-seulement les équations finales, mais encore les équations intermédiaires — à la condition, je le répète, de ne pas prendre le change sur l'importance des quantités, et de s'être bien assuré que l'ordre véritable de grandeur n'est pas déguisé sous de fausses apparences.

CHAPITRE IV.

DÉTERMINATION DES ORDRES DE GRANDEUR DE QUELQUES INFINIMENT PETITS.

61. — *Grandeur des lignes trigonométriques correspondant à un arc infiniment petit.*

Le sinus et la tangente sont des infiniment petits du même ordre que l'arc et peuvent lui être substitués. Le sinus-verse est d'un ordre supérieur : cela ressort de la relation générale

$$\text{sinus-verse } x = 1 - \cos x = 1 - \sqrt{1 - \sin^2 x} \; ;$$

d'où, en multipliant et divisant par $1 + \sqrt{1 - \sin^2 x}$, il vient :

$$\text{sinus-verse } x = \frac{\sin^2 x}{1 + \sqrt{1 - \sin^2 x}}.$$

Or, quand x est infiniment petit, le dénominateur du second membre a pour limite 2, tandis que le numérateur est un infiniment petit du second ordre.

Il suit de là que le cosinus d'un arc infiniment petit diffère de l'unité par un infiniment petit du second ordre ; car on a $1 - \cos x = \text{sinus-verse } x$. Le sinus d'un arc infiniment voisin de 90° diffère pareillement de l'unité par un infiniment petit du second ordre ; car le sinus de cet arc est égal au cosinus d'un arc infiniment petit. On peut dire aussi que la différence entre les sinus de deux arcs infiniment près de 90° est un infiniment petit du second ordre. Tandis que la différence des sinus de deux arcs qui diffèrent infiniment peu l'un de l'autre, mais qui n'approchent pas de 90°, est un infiniment petit du premier ordre.

Il n'est pas plus difficile de voir que la différence entre la tangente et le sinus d'un arc infiniment petit est du troisième ordre, car on a généralement :

$$\text{tang } x = \frac{\sin x}{\cos x},$$

d'où

$$\text{tang } x - \sin x = \frac{\sin x}{\cos x} - \sin x ;$$

et, par suite :

$$\text{tang } x - \sin x = \frac{\sin x \times \text{sin-verse } x}{\cos x}.$$

Si l'arc est infiniment petit, le cosinus a pour limite l'unité, le sinus est du premier ordre et le sinus-verse est du second. La fraction qui exprime la différence en question est donc du troisième ordre.

De là résulte encore que la différence entre un arc infiniment petit et sa corde est pareillement du troisième ordre. En effet la corde et l'arc sont compris tous les deux entre le sinus et la tangente [1] : leur différence ne peut être supérieure à celle de ces deux limites.

62. — *Grandeur des éléments d'un triangle infinitésimal.*

Les côtés d'un triangle quelconque sont proportionnels aux sinus des angles opposés. Si donc les trois angles sont finis, les trois côtés sont du même ordre de grandeur, c'est-à-dire simultanément finis ou simultanément infiniment petits.

Si l'un des angles est infiniment petit, le côté opposé est infiniment petit par rapport aux autres. D'où il suit que ces derniers ne diffèrent entre eux que d'une longueur infiniment petite, car leur différence est moindre que le troisième côté. Si, en outre, les deux angles finis sont très-voisins chacun de 90°, la différence des côtés est un infiniment petit du second ordre : cette différence est en effet proportionnelle à celle des sinus, laquelle, d'après ce qu'on a vu plus haut, est du second ordre. On peut d'ailleurs s'en assurer directement, en examinant un triangle rectangle,

---

[1] La corde est évidemment plus grande que le sinus et plus petite que la tangente ; d'après la propriété connue des obliques s'éloignant plus ou moins du pied de la perpendiculaire. Quant à l'infériorité de l'arc à la tangente, il suffit pour s'en convaincre de faire tourner la figure autour de la sécante et de la rabattre de l'autre côté : le double de l'arc se trouve alors enveloppé par le double de la tangente.

dont l'un des angles aigus serait infiniment petit, et l'autre, par conséquent, très-près d'être droit. Appelons a l'hypothénuse, b le côté opposé au petit angle et c le troisième ; on a :

$$a^2 - c^2 = b^2 \; , \quad \text{ou} \quad (a - c)\,(a + c) = b^2 \; ;$$

d'où
$$a - c = \frac{b^2}{a + c} \; .$$

Si a et c sont des infiniment petits du premier ordre, b sera du second ou b^2 du quatrième, et $\dfrac{b^2}{a + c}$ ou $a - c$ sera du troisième.

Ces remarques trouvent leur application dans le triangle formé par la corde d'un arc de courbe, la tangente et la portion de droite qui représente la différence entre les accroissements des ordonnées de la courbe et de la tan-

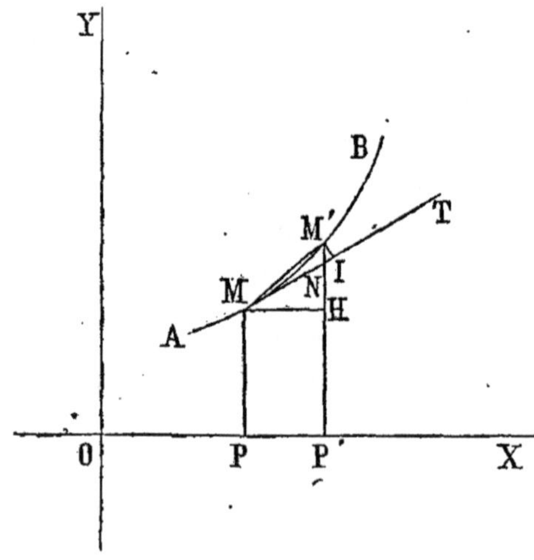

Fig. 3.

gente (fig. 3). L'angle M'MN étant infiniment petit, puisqu'il converge vers zéro en même temps que l'arc, le côté opposé M'N est infiniment petit par rapport à MN ou PP', c'est-à-dire est du second ordre. Nous l'avions déjà établi par voie analytique (n° 19), car M'N représente $\Delta y - dy$. Par suite la différence entre la corde MM' et l'accroissement MN de la tangente est un infiniment petit du second ordre. Par suite encore, la différence entre l'arc et la corde est au plus du deuxième ordre. En effet, dans un triangle un côté quelconque est moindre que la somme des deux autres et plus grand que leur différence. On a donc :

$$MM' \quad \begin{aligned} &< MN + M'N \\ &> MN - M'N \end{aligned}$$

d'autre part l'arc MM' est moindre que la ligne enveloppante MN + M'N, et plus grand que sa corde; on peut écrire :

$$\text{arc } MM' \quad \begin{aligned} &< MN + M'N \\ &> MN - M'N \end{aligned}$$

Or, ces deux limites, entre lesquelles l'arc et la corde sont compris, diffèrent entre elles de 2M'N, c'est-à-dire d'un infiniment petit du second ordre. Donc la corde diffère de l'arc par un infiniment petit au plus du second ordre.

Si l'on abaisse la perpendiculaire M'I sur la tangente, on formera un triangle rectangle MM'I, dans lequel l'angle M'MI est infiniment petit, et, par conséquent, M'I du troisième ordre. La différence entre MM' et MI est donc un infiniment petit du troisième ordre. On démontrerait également, par des considérations analogues à celles de tout à l'heure, que la différence entre l'arc et la corde, que nous avions vu être au plus du second ordre, ne peut surpasser le double de M'I, c'est-à-dire est seulement du troisième ordre. Ainsi se trouve étendue aux arcs de courbes quelconques la proposition établie d'abord pour les arcs de cercle.

Disons enfin, pour terminer ce sujet, que si dans un triangle deux angles sont infiniment petits, le troisième angle sera très-près de 180°, et son sinus sera infiniment petit. Les trois côtés seront donc du même ordre de grandeur : ce qui était facile à prévoir, car deux côtés étant infiniment petits en vertu de l'hypothèse faite sur les angles opposés, le troisième côté, moindre que la somme des deux premiers, est nécessairement infiniment petit.

Ces considérations montrent avec quelle facilité on peut souvent, dans le cours d'un calcul de limites, apprécier les relations de grandeur qui existent entre divers infiniment petits de la question. C'est, d'ailleurs, ce que nous achèverons d'éclaircir bientôt en traitant de quelques problèmes.

CHAPITRE V.

DE L'EMPLOI DES DIFFÉRENTIELLES POUR SIMPLIFIER
LES FORMULES.

63. — Nous avons vu, d'une manière générale, que la
simplification des équations infinitésimales était basée sur
la faculté de supprimer les termes d'ordres supérieurs, ou,
ce qui revient au même, sur la faculté de substituer l'une
à l'autre deux quantités dont la différence est infiniment
petite par rapport à ces quantités mêmes ou dont le rapport a pour limite l'unité. Mais nous n'avons pas indiqué
quelles sont les substitutions qu'il convient de faire pour
obtenir les plus grandes simplifications. La nature de ces
substitutions varie, en effet, d'un problème à l'autre, et
ceux que nous traiterons plus tard montreront précisément comment on fait usage du principe dans chaque cas

particulier. Toutefois, il y a une substitution d'un usage
tout à fait général et d'un effet assuré, que nous devons
par conséquent indiquer indépendamment des questions
particulières, laquelle consiste à *remplacer toujours l'accroissement infiniment petit d'une variable par sa
différentielle.*

Cette substitution est évidemment légitime, puisque
la différentielle ne diffère de l'accroissement que par un
infiniment petit du second ordre. Je dis en outre qu'elle
est de nature à fournir les plus grandes simplifications[1],
et même que la différentielle est *la plus simple* des quantités par lesquelles l'accroissement d'une fonction puisse
être remplacé.

En effet, toute quantité propre à ce remplacement doit
satisfaire à la condition que son rapport avec l'accroissement de la fonction et, par suite, avec toutes les autres
quantités aptes à le remplacer, ait pour limite l'unité. Le
rapport de chacune d'elles avec l'accroissement de la variable indépendante tend donc vers la même limite. Mais
la différentielle de la fonction étant égale au produit de la
dérivée par l'accroissement de la variable indépendante,
son rapport avec cet accroissement est égal à la dérivée,

[1] Si l'on jette les yeux sur l'expression de l'accroissement, d'après la
série de Taylor

$$\Delta y = f'(x)\,dx + f''(x)\,\frac{dx^2}{1.2} + f'''(x)\,\frac{dx^3}{1.2.3} + \dots ,$$

on voit que la substitution de $f'(x)\,dx$ à Δy fait disparaître toute la suite

$$f''(x)\,\frac{dx^2}{1.2} + f'''(x)\,\frac{dx^3}{1.2.3} + \dots$$

quantité qui, étant indépendante de l'accroissement lui-même, est la limite commune de tous ces rapports. Aucun de ces rapports ne pourrait donc avoir une forme plus simple que cette dérivée elle-même ; et dès lors aucun infiniment petit propre à remplacer l'accroissement de la fonction ne pourrait avoir une forme plus simple que la différentielle.

A l'appui de ce raisonnement je ferai valoir encore la considération suivante :

Remplacer l'accroissement de la fonction par la différentielle, c'est agir comme si cet accroissement était simplement égal à la différentielle, c'est-à-dire égal au produit de la dérivée par l'accroissement de la variable indépendante. Or, la dérivée étant indépendante de cet accroissement, cela revient à supposer que l'accroissement de la fonction est proportionnel à celui de la variable, ou augmente uniformément avec celle-ci à partir de la valeur initiale. Il est évident que parmi toutes les manières de concevoir qu'une fonction varie avec la variable, il n'y en a pas de plus simple que la proportionnalité ou l'uniformité. La substitution de la différentielle à l'accroissement a donc le même effet que si la loi quelconque, qui rattache la variation de la fonction à celle de la variable, était remplacée par la simple loi de l'uniformité. S'agit-t-il, par exemple, de l'accroissement de l'ordonnée d'une courbe, la substitution de la différentielle revient à supposer que la courbe, à partir du point considéré, est remplacée par sa propre tangente ; car les ordonnées de la tangente augmentent proportionnellement aux abscisses. S'agit-il de l'accroissement d'une aire curviligne, la substitution analogue implique tacitement que la courbe est remplacée par une parallèle à l'axe des abscisses ; car la surface rectangulaire ainsi formée augmente en raison directe de sa base. La ligne droite qui remplace la courbe, dans le premier cas, et le rectangle qui remplace l'aire curviligne, dans le second, sont évidemment les substitutions les plus simples possibles.

CHAPITRE VI.

OBJET DE LA MÉTHODE INFINITÉSIMALE.

64. — L'analyse infinitésimale intervient, avons-nous dit, toutes les fois qu'une quantité ne pouvant être exprimée directement en fonction des données effectives du problème, on peut la considérer comme la limite d'un rapport ou d'une somme d'infiniment petits.

Ces limites ne se présentent pas toujours comme l'objet direct de la recherche, mais à l'occasion de certaines autres quantités dans l'expression desquelles elles figurent. Qu'on demande, je suppose, la longueur de la sous-normale PN d'une courbe AS (fig. 4), dont l'équation est $y = f(x)$. Dans le triangle rectangle MPN, on a PN $=$ y tang PMN $= y$ tang MVX. Pour obtenir la valeur de

PN on est conduit à chercher celle de tang MVX , ou $\frac{dy}{dx}$, qui n'est pas l'objet direct de la question. Mais on

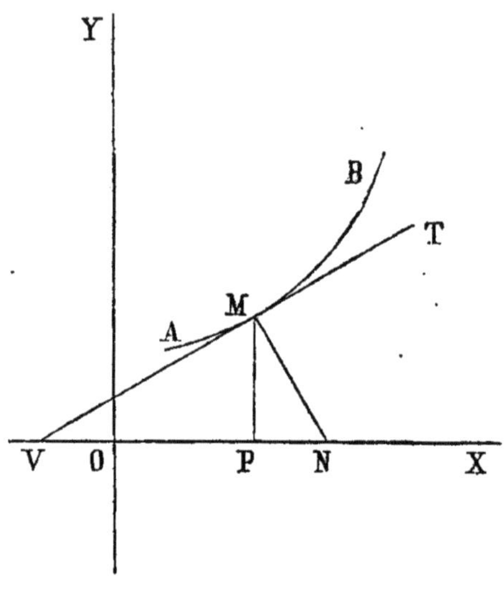

Fig. 4.

peut considérer l'équation finale $PN = y\,\frac{dy}{dx}$, comme le résultat de l'élimination de tang MVX entre l'équation $PN = y$ tang MVX et celle-ci : tang $MVX = \lim \frac{\Delta y}{\Delta x}$ ou $\frac{dy}{dx}$. En sorte qu'au point de vue des considérations à présenter sur la méthode infinitésimale, on peut toujours, pour plus de simplicité, supposer que la question est ramenée finalement à l'établissement d'une équation de la forme :

$$\textit{Quantité inconnue} = \begin{cases} \textit{limite de rapport} \\ \quad\textit{ou} \\ \textit{limite de somme.} \end{cases}$$

La résolution de tout problème comporte donc, indépendamment du calcul même des limites de rapport ou de somme (ce qui est l'affaire du *Calcul infinitésimal* proprement dit), une élaboration spéciale qui consiste :

1° A rechercher quelles sont les quantités infiniment petites dont les limites de rapport ou de somme ont pour valeurs les quantités inconnues ;

2° A ramener ces rapports ou ces sommes à la forme voulue pour le calcul , $\dfrac{\Delta f(x)}{\Delta x}$, $\Sigma f(x)\Delta x$; $f(x)$ devant être une fonction connue de x. Car alors la question se résout par un procédé analytique régulier, qui consiste à calculer la dérivée $\dfrac{df(x)}{dx}$ ou l'intégrale $\int f(x)\,dx$.

Telles sont les deux parties du problème qui constitue l'objet propre de la *Méthode infinitésimale,* et que nous préciserons avec plus de détails dans les deux chapitres suivants.

CHAPITRE VII.

65. — Il est clair que cette recherche varie selon les problèmes, et que dans chaque cas particulier il y a lieu d'établir que la quantité dont on s'occupe peut être considérée effectivement comme la limite du rapport ou de la somme de certaines quantités infiniment petites. Se propose-t-on, par exemple, de trouver la longueur d'une courbe, le premier soin est de prouver que cette courbe est la limite de la somme des côtés des polygones inscrits. S'agit-il de l'aire d'une courbe, on montre qu'elle est la limite de la somme des petits rectangles formés en menant par l'extrémité de chaque ordonnée de la courbe une perpendiculaire à l'ordonnée suivante. Cherche-t-on l'angle d'une tangente, on s'assure que la tangente trigonométri-

que de cet angle est la limite du rapport de l'accroissement de l'ordonnée à l'accroissement de l'abscisse, etc., etc.

Le raisonnement employé pour prouver que les infiniment petits considérés ont pour limite de rapport ou de somme la quantité inconnue, consiste à faire voir que la définition de la limite est satisfaite, c'est-à-dire que la quantité variable représentée par le rapport ou la somme des infiniment petits s'approche autant qu'on le veut de la grandeur fixe qui est l'inconnue de la question. A cet effet on montre que si l'on prend dans la grandeur fixe des éléments correspondant aux divers infiniment petits, chacun de ces infiniment petits ne diffère de l'élément homologue que par une quantité infiniment petite par rapport à lui-même. Or, on sait, en ce cas, d'après les propositions établies aux n⁰ˢ 55 et 56, que la limite des infiniment petits est la même que celle des éléments, c'est-à-dire est égale à la grandeur fixe elle-même.

66. — Considérons, par exemple, l'aire $ABDC$ (fig. 5), comprise entre une courbe AB, l'axe des abscisses et deux ordonnées AC, BD. Je veux montrer que cette aire est la limite de la somme des rectangles tels que $MPP'H$, fermé en élevant deux ordonnées infiniment voisines MP, $M'P'$, et menant MH parallèle à l'axe des abscisses. Je prouverai que ce rectangle infinitésimal ne diffère de l'élément homologue $MM'P'P$, appartenant à la surface donnée, que par une quantité $MM'H$ infiniment petite par rapport au rectangle lui-même. On s'en assure aisément en remarquant que $MM'H$ est moindre que $MHM'K$, quantité égale à $MH \times HM'$ ou à $\Delta x . \Delta y$. Or, ce produit est un infiniment petit du second ordre, tandis que le rec-

tangle en question M H P′ P est mesuré par M P × P P′ ou par $y\Delta x$, infiniment petit du premier ordre. La limite de

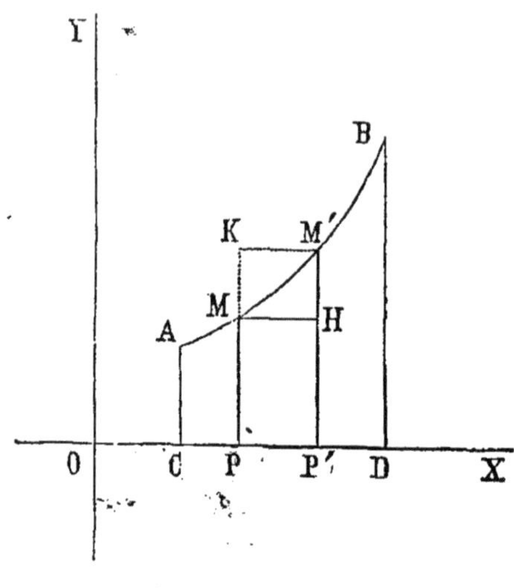

Fig. 5.

la somme des rectangles tels que M P P′ H ne diffère donc pas de la limite de la somme des surfaces M M′ P′ P, c'est-à-dire ne diffère pas de la surface donnée elle-même.

Il n'y aurait pas plus de difficulté à prouver qu'un arc de courbe est la limite des périmètres inscrits. Car soit M I M′ (fig. 6), un arc infiniment petit correspondant à

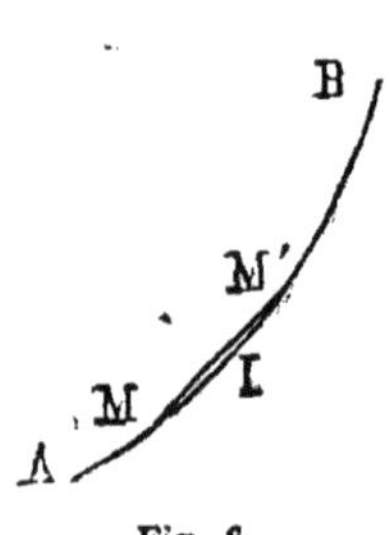

Fig. 6.

l'un des côtés M M′ du polygone inscrit. Nous avons vu précédemment (n° 59) que la différence entre l'arc et la corde est infiniment petite par rapport à la corde elle-même. Ainsi, en augmentant chacun des termes qui figurent dans la somme des cordes, d'une quantité in-finiment petite par rapport à lui-même, on reproduirait la

quantité cherchée , qui est 'la longueur de la courbe donnée. Cette dernière est donc la limite de la somme des
cordes.

67. — Une même quantité peut être considérée comme
limite d'une foule d'autres. Ainsi une courbe est aussi bien la
limite des périmètres circonscrits que des périmètres inscrits ; elle l'est également d'une série de tangentes arrêtées
chacune à l'ordonnée du point de contact suivant ; elle l'est
encore d'une série de droites quelconques, non tangentes
à la courbe, mais qui s'en rapprocheraient indéfiniment
d'après une loi donnée. De même l'aire d'une courbe est
la limite des trapèzes formés par deux ordonnées consécutives, et dont le côté supérieur se rapprocherait de plus
en plus des extrémités de ces ordonnées. De même encore la tangente à une courbe est aussi bien la limite d'une
sécante qu'on ferait tourner autour d'un de ses points de
rencontre, que la limite d'une sécante qui s'éloignerait
parallèlement à elle-même de l'intérieur de la courbe, etc.
Dès lors, on demeure maître de choisir entre les divers infiniment petits ceux qui paraissent offrir le plus de facilités
pour le calcul. Quant aux règles qui doivent diriger ce
choix, il est impossible d'en préciser aucune. C'est l'habitude de l'analyse qui seule donne le discernement nécessaire en chaque cas.

Les quantités s'expriment tantôt sous forme de limite
de rapport, tantôt sous forme de limite de somme. Ce n'est
pas arbitrairement qu'on a recours, dans chaque cas, à
l'une ou à l'autre de ces limites, et que la question se
résout par des différentiations ou par des intégrations. Si
l'on pouvait emprunter à volonté l'une des deux formes,

on se prononcerait toujours pour celle de rapport, parce que le calcul des dérivées est bien plus assuré que celui des intégrales. La nature de l'expression est déterminée par les conditions mêmes de la question. Selon que telles quantités ou telles autres sont assignées d'avance, les quantités inconnues sont formées par des limites de rapport ou par des limites de sommes. Ainsi, dans un mouvement rectiligne varié, si c'est l'espace parcouru qui est donné en fonction du temps, la vitesse s'exprime par une limite de rapport (lim. $\frac{\Delta s}{\Delta t}$, s étant l'espace et t le temps); si c'est la force qui est connue, la vitesse s'exprime par une limite de somme ($\int P\,dt$, P étant la force). Dans aucun cas on n'a la possibilité de recourir indifféremment à l'un des deux modes de limite pour obtenir la quantité inconnue. Il n'y a d'exception à cette règle que si les données du problème sont en nombre surabondant. C'est ce qui arriverait dans l'exemple ci-dessus, où l'espace et la force seraient simultanément connus *à priori* ; la valeur de la vitesse s'obtiendrait à volonté par une limite de rapport ou par une limite de somme. Ce cas nécessite, disons-nous, des données superflues ; car si, dans une certaine question, on trouve que la quantité est égale à la fois à lim. $\frac{\Delta y}{\Delta x}$ et à lim. $\Sigma z\,\Delta x$, y et z étant des fonctions connues de x, il en résulte lim. $\frac{\Delta y}{\Delta x} = \text{lim.}\Sigma z\,\Delta x$, d'où $y = \varphi(z)$; ainsi l'une des quantités y et z pourrait se déduire de l'autre. Si donc, comme on le suppose, elles sont assignées toutes deux *à priori*, le nombre des données de la question se trouve surabondant. D'après cela, on n'a pas généralement à choisir entre les deux formes de limites, et il faut s'en tenir à celle qu'indiquent les conditions mêmes du problème.

CHAPITRE VIII.

DÉTERMINATION DES INFINIMENT PETITS ENTRANT DANS L'EXPRESSION DES LIMITES.

68. — Ce n'est pas tout que d'avoir discerné les infiniment petits dont les rapports ou les sommes ont pour limites les quantités cherchées. Il faut encore, ainsi que nous l'avons indiqué au chapitre $\mathrm{vi^e}$, savoir *calculer* la valeur de ces limites, par les procédés connus de la différentiation ou de l'intégration. Il faut donc ramener à la forme $\dfrac{\Delta f(x)}{\Delta x}$ et $\Sigma f(x)\,\Delta x$ des expressions telles que $\dfrac{\alpha}{6}$ et $\Sigma \gamma$, α, 6 et γ étant les infiniment petits sur lesquels portent les limites considérées. C'est ainsi que lorsqu'on cherche la longueur d'un arc de courbe, et qu'on a

reconnu que cette longueur est égale à lim. $\Sigma\, l$, l représentant la longueur d'une corde inscrite, on doit s'occuper de remplacer l par $f(x)\,\Delta x$, $f(x)$ étant une fonction quelconque de x; de telle sorte que le calcul de lim. Σl puisse être effectué par l'*intégration* de $f(x)\Delta x$.

En un mot, il est nécessaire d'exprimer les divers infiniment petits dont on fait usage en fonction d'un seul d'entre eux, par exemple en fonction de l'accroissement de la variable indépendante. On aperçoit, en effet, que dans le cas où nous nous plaçons, d'une seule variable indépendante, les accroissements des diverses quantités doivent dépendre de l'accroissement de cette dernière.

C'est surtout à ce point de l'élaboration qu'on retire la plus grande utilité des considérations exposées précédemment. La détermination des infiniment petits en fonction les uns des autres est constamment facilitée par cette circonstance capitale, qu'au lieu de chercher à établir entre eux des équations *exactes* — ce qui présente le plus souvent des obstacles insurmontables, — on peut omettre tous les infiniment petits d'ordres supérieurs qui devraient figurer dans ces équations pour qu'elles fussent absolument rigoureuses, mais qui en disparaîtraient nécessairement plus tard par suite du passage aux limites.

Et non-seulement on peut négliger ces quantités d'ordres supérieurs, mais il n'est pas même nécessaire de chercher à les mettre en évidence, ni d'établir aucune relation analytique approchée entre les deux infiniment petits qui doivent se remplacer l'un par l'autre. Il suffit tout simplement de s'assurer que la différence entre ces infiniment petits est d'un ordre supérieur, et dès lors la substitution peut s'effectuer sans autre détermination.

Nous avons vu, dans le chapitre v^e, comment on apprécie, dans certains cas, l'ordre de grandeur des infiniment petits. Il est facile d'en conclure la marche générale à suivre. C'est du reste ce qui sera éclairci par les exemples que nous allons traiter.

CHAPITRE IX.

APPLICATION DE LA MÉTHODE INFINITÉSIMALE A DIVERS PROBLÈMES : DÉTERMINATION DE LA LONGUEUR, DE L'AIRE ET DE LA COURBURE D'UN ARC DE COURBE.

69. — Nous plaçant actuellement au point de vue développé dans les deux chapitres précédents, nous appliquerons la méthode infinitésimale à la solution de quelques problèmes des plus usuels.

Détermination de la longueur d'un arc de courbe. — Pour déterminer la longueur d'un arc de courbe, nous sommes amenés, comme on l'a vu, à calculer la limite vers laquelle tend la somme des cordes inscrites. Afin d'exprimer l'une de ces cordes M M' (fig. 7) sous la forme

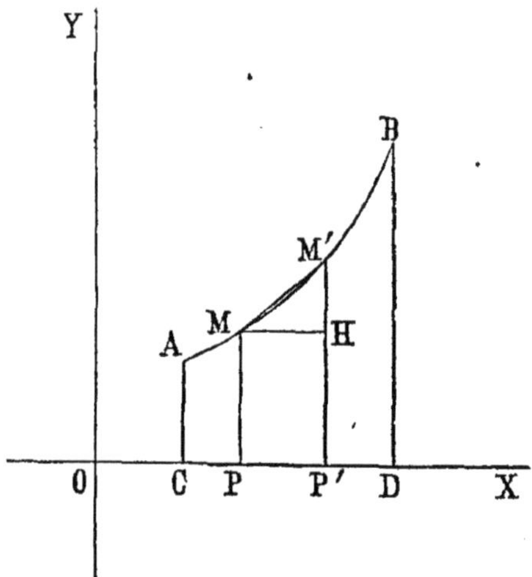

Fig. 7.

voulue, $f'(x)\,\Delta x$, remarquons que le triangle $MM'H$ donne :

$$MM' = \sqrt{\overline{MH}^2 + \overline{M'H}^2} = \sqrt{\Delta x^2 + \Delta y^2}$$

$$= \Delta x \sqrt{1 + \left(\frac{\Delta y}{\Delta x}\right)^2}\ .$$

Mais à mesure que chaque corde devient plus petite, e rapport $\frac{\Delta y}{\Delta x}$ tend à se confondre avec $f'(x)$ ou $\frac{dy}{dx}$. On peut donc remplacer $\sqrt{1 + \left(\frac{\Delta y}{\Delta x}\right)^2}$ par $\sqrt{1 + \frac{dy^2}{dx^2}} + \alpha$, α étant une quantité infiniment petite par rapport à $\sqrt{1 + \frac{dy^2}{dx^2}}$, puisqu'elle s'annule avec Δx. Au lieu de chercher la valeur de α pour exprimer *exactement* la longueur de la corde, on la néglige purement et simplement, parce qu'on sait fort bien qu'elle disparaîtrait lorsqu'on prendrait la limite de la somme de toutes les cordes. On obtient ainsi :

$$(1) \qquad MM' = dx \sqrt{1 + \frac{dy^2}{dx^2}} \ ;$$

expression qui a bien la forme voulue $f'(x)\,\Delta x$, puisque $\dfrac{dy^2}{dx^2}$ étant le carré de la dérivée de la fonction qui exprime l'ordonnée de la courbe, le radical $\sqrt{1 + \dfrac{dy^2}{dx^2}}$ représente une certaine fonction de x.

De là on déduit, en désignant par x_0 et x_i les abscisses correspondant aux extrémités de l'arc total AS dont on cherche la longueur:

$$(2) \qquad AS = \int_{x_0}^{x_i} dx \sqrt{1 + \frac{dy^2}{dx^2}} \ .$$

En désignant l'arc par s et sa différentielle par ds, on peut remplacer MM' par ds. En effet, la corde diffère de l'arc sous-tendu d'un infiniment petit de 2e ordre ; cet arc sous-tendu, qui représente l'accroissement Δs de l'arc AM, diffère de la différentielle ds d'un infiniment petit du 2e ordre ; donc aussi la corde diffère de la différentielle d'un infiniment petit du 2e ordre. Dès lors on peut les substituer l'une à l'autre sans crainte de compromettre le résultat obtenu par le passage aux limites. La relation (1) prend la forme suivante, sous laquelle on la donne ordinairement :

$$ds = dx \sqrt{1 + \frac{dy^2}{dx^2}} \ , \ \ \text{ou} \ \ ds = \sqrt{dx^2 + dy^2} \ \cdot$$

70. — *Mesure de l'aire d'une courbe.* — Soit A B D C (fig. 8) l'aire en question. Ce problème conduit, comme

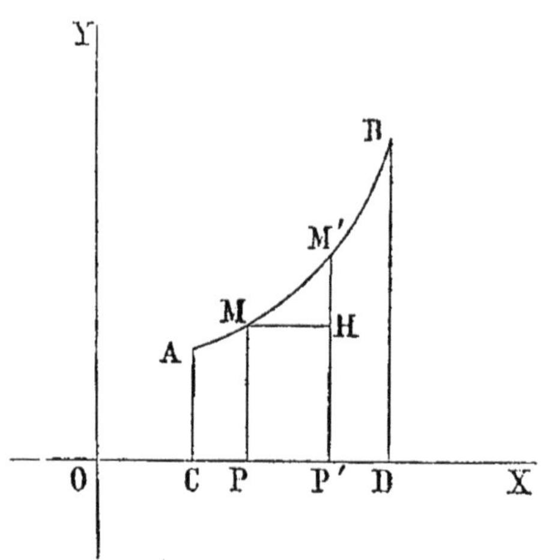

Fig. 8.

on l'a vu (n° 66), à calculer la limite de la somme des rectangles M H P'P. Il faut ramener l'expression de chacun d'eux à la forme $f(x)\,\Delta x$. Ce résultat est obtenu immédiatement, car M P ou y est exactement égal à la fonction qui représente l'ordonnée de la courbe. Si $y = f(x)$ est l'équation de cette courbe, le rectangle M H P'P a pour valeur $f(x)\,\Delta x$ ou $f(x)\,dx$, et on en déduit :

$$\mathrm{A\,B\,Q\,S} = \int_{x_0}^{x_*} f(x)\,dx \ .$$

On peut, comme dans l'exemple précédent, remplacer le rectangle M H P'P par $d\mathrm{A}$, en désignant par A l'aire cherchée et par $d\mathrm{A}$ sa différentielle. On s'appuie sur cette remarque que le rectangle diffère de l'accroissement et celui-ci de la différentielle d'un infiniment petit du 2ᵉ ordre. Il en résulte :

$$d\,\mathrm{A} = f(x)\,dx \ .$$

71. — *Détermination de la courbure d'une courbe.*

Cette question conduit, comme on sait, à calculer la limite vers laquelle tend le rapport de l'arc à l'angle extérieur formé par les deux tangentes extrêmes, à mesure que la longueur de cet arc diminue indéfiniment. C'est ce qui résulte de la définition même de la courbure, dont nous rappellerons les principes.

On doit définir la courbure d'une manière analogue à la vitesse, c'est-à-dire considérer d'abord une ligne *uniforme* ou *régulière,* et passer ensuite à une ligne quelconque.

Une ligne est régulière lorsque les angles formés extérieurement par les tangentes menées aux extrémités d'arcs égaux, sont égaux, quelle que soit la longueur des arcs. L'angle correspondant à l'unité de longueur de l'arc, ou le rapport constant des angles aux arcs interceptés est ce qu'on nomme la *courbure* de la ligne. — Les seules lignes régulières ou à courbure constante sont la ligne droite et la circonférence. Encore convient-il d'exclure la première, qui n'a pas, à proprement parler, de courbure, puisque le rapport dont il s'agit est égal à zéro. — Dans un cercle, l'angle extérieur des tangentes est égal à l'angle au centre, et celui-ci est égal à l'arc intercepté divisé par le rayon. Donc la courbure, qui est représentée par le rapport de l'angle à l'arc, est également exprimée par l'unité divisée par le rayon, c'est-à-dire par $\dfrac{1}{\mathrm{R}}$.

Dans une courbe irrégulière, c'est-à-dire où le rapport de l'angle à l'arc n'est pas constant, on nomme *courbure* en un point quelconque la limite vers laquelle tend le rapport de l'angle extérieur à l'arc pris à partir de ce point, à mesure que l'arc diminue indéfiniment. On nomme *cercle de courbure* celui qui aurait la même courbure que la courbe en ce point, ou dont le rayon serait tel que $\frac{1}{R}$ fût égal à la limite dont nous venons de parler. Le rayon de ce cercle est nommé *rayon de courbure* de la ligne ; il a pour valeur l'unité divisée par la valeur de la courbure.

Reprenons actuellement le problème que nous nous sommes proposé.

Soit AB (fig. 9) la courbe donnée. Il s'agit de détermi-

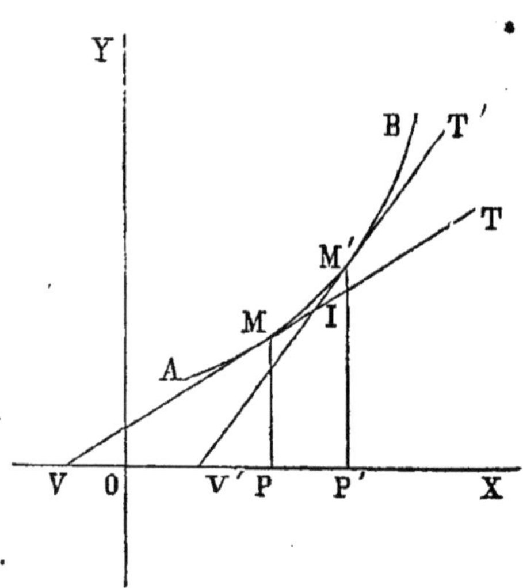

Fig. 9.

ner la valeur de la courbure en un point quelconque M.

13.

Si je prends, à partir de ce point, un arc MM', et que je mène les tangentes MT, M'T', la limite du rapport de l'angle extérieur TIT' à la longueur de l'arc MM' fournira la quantité cherchée. Mais cet angle n'est autre chose que l'accroissement ΔV de l'angle V formé par la tangente à la courbe avec l'axe des abscisses, quand on passe du point M au point M'. De même l'arc MM' est l'accroissement de l'arc s compté à partir d'une certaine origine. La limite en question est donc celle du rapport $\dfrac{\Delta V}{\Delta s}$.

Cette limite aurait la forme voulue $\dfrac{\Delta f(x)}{\Delta x}$, et pourrait être calculée immédiatement, si s était la variable indépendante, et si V était une fonction connue de s. Elle serait alors fournie par la dérivée $\dfrac{dV}{ds}$. Mais comme nous avons coutume de prendre l'abscisse pour variable indépendante, les quantités V et s doivent être considérées toutes deux comme fonction de x. Or, on sait dans ce cas (n° 28) que la dérivée de V prise par rapport à s, comme si s était la variable indépendante, est égale au rapport des dérivées de V et de s, prises par rapport à la véritable variable indépendante x. Donc la courbure cherchée, ou $\lim \dfrac{\Delta V}{\Delta s}$, est donnée par la fraction $\dfrac{\dfrac{dV}{dx}}{\dfrac{ds}{dx}}$, dans laquelle le numérateur et le dénominateur représentent des dérivées de forme connue. Il ne s'agit plus que d'en calculer les valeurs.

A cet effet, remarquons que l'angle V ayant pour tangente trigonométrique $\dfrac{dy}{dx}$, on en déduit :

$$V = \text{arc tang } \frac{dy}{dx} \qquad \text{et} \qquad \frac{dV}{dx} = \frac{\dfrac{d^2y}{dx^2}}{1 + \dfrac{dy^2}{dx^2}}.$$

D'autre part, nous avons trouvé précédemment :

$$\frac{ds}{dx} = \sqrt{1 + \frac{dy^2}{dx^2}}.$$

Il en résulte, en appelant R le rayon de courbure :

$$\lim \frac{\Delta V}{\Delta s} \quad \text{ou} \quad \frac{1}{R} = \frac{\dfrac{d^2y}{dx^2}}{\left(1 + \dfrac{dy^2}{dx^2}\right)^{\frac{3}{2}}}.$$

On arrive plus rapidement à la même conclusion en remarquant que dans l'expression $\lim \dfrac{\Delta V}{\Delta s}$ on peut, sans altérer la valeur de la limite, remplacer les accroissements de l'angle et de l'arc par leurs différentielles (qui n'en diffèrent que par des infiniment petits d'ordres supérieurs), en sorte que $\lim \dfrac{\Delta V}{\Delta s} = \dfrac{dV}{ds}$; d'où résulte la formule ci-dessus, d'après les valeurs connues de dV et de ds en fonction de x. Mais cette manière de procéder ne se distingue pas réellement de la première ; car, prendre les *différentielles*

de V et de *s par rapport à x*, c'est supposer implicitement que l'expression $\dfrac{dV}{ds}$ est remplacée par celle-ci :

$$\frac{\dfrac{dV}{dx}}{\dfrac{ds}{dx}}.$$

CHAPITRE IX.

SUITE DE L'APPLICATION DE LA MÉTHODE INFINITÉSIMALE.
— DÉTERMINATION DU CERCLE OSCULATEUR.

72. — La recherche du *cercle osculateur* n'étant qu'un cas particulier de la *théorie générale des contacts*, nous croyons devoir rappeler cette dernière.

La théorie des contacts, due, comme on sait, à Lagrange, est basée sur le principe suivant :

On dit que deux courbes ont, en un certain point, un contact de l'ordre n, lorsque la différence des ordonnées des deux courbes, correspondant à un accroissement infiniment petit de l'abscisse, est un infiniment petit de l'ordre $n+1$. — Cette condition est évidemment réalisée quand les fonctions des deux courbes et les dérivées de ces fonctions, jusqu'à l'ordre n inclusivement, prennent les mêmes valeurs pour les coordonnées du point de contact —.

Voici, en résumé, les considérations qui ont conduit Lagrange à établir cette remarquable classification des contacts.

Par un même point on peut faire passer une infinité de courbes tangentes à une courbe donnée ; car ces courbes sont assujetties à la seule condition que leurs dérivées premières soient égales, pour le point commun supposé , à la dérivée de la courbe donnée : c'est le contact du *premier ordre*. Si l'on fait croître l'abscisse d'une quantité infiniment petite, la différence des ordonnées des diverses courbes est un infiniment petit du deuxième ordre : car si, pour chaque courbe, on développe la valeur de l'accroissement de l'ordonnée, d'après la série de Taylor, on aura :

1° Pour la courbe $y = f(x)$,

$$\Delta y = f'(x)\,\Delta x + f''(x)\,\frac{\Delta x^2}{1.2} + f'''(x)\,\frac{\Delta x^3}{1.2.3} + \ldots$$

2° Pour une autre courbe $y_1 = \varphi(x)$,

$$\Delta y_1 = \varphi'(x)\,\Delta x + \varphi''(x)\,\frac{\Delta x^2}{1.2} + \varphi'''(x)\,\frac{\Delta x^3}{1.2.3} + \ldots$$

et la différence $\Delta y_1 - \Delta y$ sera du deuxième ordre, puisque par hypothèse $f'(x) = \varphi'(x)$.

Cela posé, remarquons que les diverses courbes pourront être très-inégalement tangentes à la courbe donnée, selon que la différence des ordonnées sera plus ou moins petite. Si l'une de ces courbes, par exemple, est telle que la dérivée seconde ait la même valeur que la dérivée seconde de la courbe donnée, la différence $\Delta y_1 - \Delta y$ sera un infiniment petit du troisième ordre. Dans ce cas, le contact sera beaucoup plus intime, puisque, dans le voisinage du point commun, les deux courbes seront infiniment plus rapprochées que celles dont les seules dérivées premières sont égales, et ce contact est dit du *second ordre*.

En continuant de la sorte, on aura des contacts de plus en plus intimes, à mesure qu'un plus grand nombre de dérivées auront les mêmes valeurs pour le point commun. D'une manière générale, on appelle, comme nous l'avons dit en commençant, contact de l'ordre n celui qui correspond à l'égalité de n dérivées successives, ou pour lequel la différence des ordonnées est un infiniment petit de l'ordre $n + 1$.

Il est aisé de se rendre compte des circonstances qui permettent à une courbe d'avoir un contact d'un ordre plus ou moins élevé avec une courbe donnée. Chaque degré dans l'ordre du contact correspond à l'égalisation d'une dérivée. Il faut donc que la courbe tangente ait autant de paramètres ou constantes arbitraires qu'il y a d'égalités semblables à satisfaire ou qu'il y a d'unités dans l'ordre du contact, sans parler de la relation qu'elle doit déjà vérifier comme ayant un point commun (le point de tangence) avec la courbe donnée. Pour qu'une courbe puisse être tangente jusqu'à l'ordre n, son équation doit comprendre au moins $n + 1$ paramètres dont on puisse disposer, savoir : *un* paramètre pour la condition du point commun, et n autres paramètres pour réduire à l'ordre $n + 1$ la différence des ordonnées des deux courbes.

De là résulte que pour chaque *espèce* de courbe, l'ordre

du contact est limité par le *nombre maximum de para-*
mètres que comporte l'espèce de la courbe.

Parmi toutes les courbes de même espèce (ou ayant
même nombre de paramètres), on nomme courbe *oscula-*
trice celle dont le contact est de l'ordre le plus élevé
possible.

La ligne droite (qui est une variété de courbe) a au
plus 2 paramètres : son contact le plus intime est donc
le contact du premier ordre ; ce qui est évident de soi,
car des droites ne peuvent être plus ou moins tangentes
à une courbe donnée.

Le cercle a au plus 3 paramètres : son contact le plus
intime sera du second ordre, et le cercle osculateur en un
point donné d'une courbe sera déterminé par les 3 équations exprimant : 1° que la circonférence passe par le point
donné ; 2° que la dérivée première est égale à celle de la
courbe ; 3° que la dérivée seconde est pareillement égale
à la dérivée seconde de la courbe donnée [1].

Quand on écrit ces 3 équations et qu'on en déduit
la longueur du rayon, on trouve qu'elle est égale à
$$\frac{\left(1 + \dfrac{dy^2}{dx^2}\right)^{\frac{3}{2}}}{\dfrac{d^2y}{dx^2}}$$; ce qui est précisément l'expression du rayon

de courbure. Ainsi le cercle de courbure et le cercle
osculateur se confondent. Il était facile de le prévoir ;
car quel est le cercle qui pourrait mesurer la courbure

---

[1] La parabole comportant 4 paramètres dans son équation, le contact
d'une courbe avec une parabole peut être plus intime qu'avec un cercle.
Le contact d'une ellipse peut être plus grand encore, puisque son équation
renferme 5 paramètres.

d'une ligne, sinon celui qui a avec cette ligne le contact le plus intime possible?

73. — La détermination du rayon du cercle osculateur n'est pas, à proprement parler, une application de la méthode infinitésimale : c'est une question de pure algèbre, qui consiste à résoudre un système d'équations à plusieurs inconnues, sans qu'il y ait lieu de faire intervenir aucun des théorèmes démontrés sur les limites et les infiniment petits. Le même problème peut être traité à un point de vue véritablement infinitésimal, de la manière suivante :

Soit A B une courbe (fig. 10), et M C Q le cercle osculateur cherché en un point M de cette courbe.

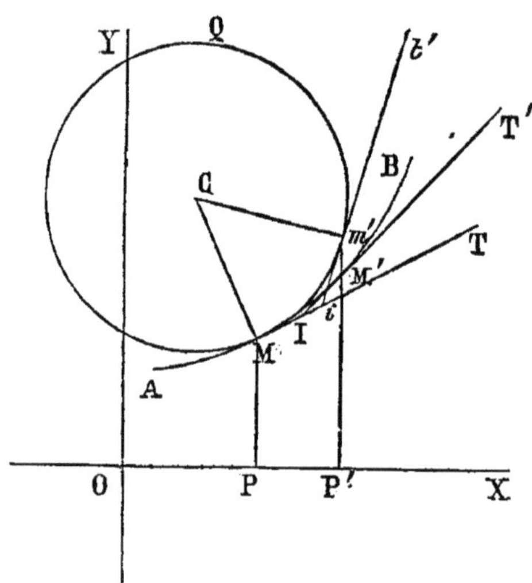

Fig. 10.

Le centre du cercle se trouve évidemment situé sur la normale M C de la courbe, puisque la courbe et le cercle ont la même tangente MT. Reste à déterminer la longueur MC. Or, si l'on prend sur le cercle un arc infiniment petit Mm', le rayon, qui est égal au rapport constant de l'arc à l'angle extérieur des tangentes, quelle que soit la grandeur de l'arc, sera égal au rapport de Mm' à l'angle Tit'. D'un autre côté, si l'on considère, sur la courbe, l'arc MM' et l'angle T'IT, correspondant au même accroissement de l'abscisse, le rayon de courbure de la courbe sera exprimé par $\lim \dfrac{MM'}{T'IT}$. Il est facile de voir que les arcs MM' et Mm', qui sont les accroissements des longueurs des deux courbes, et les angles T'IT, Tit' qui sont les accroissements des inclinaisons des tangentes, ne diffèrent respectivement entre eux que par un infiniment petit du second ordre. En effet, la différentielle d'un arc de courbe quelconque est représentée par

$$dx \sqrt{1 + \frac{dy^2}{dx^2}}$$: cette quantité a la même valeur pour la courbe et pour le cercle puisque, par hypothèse, la dérivée première est la même de part et d'autre. Donc les accroissements MM' et Mm', qui diffèrent respectivement de leurs différentielles par un infiniment petit du deuxième ordre, ne peuvent avoir entre eux qu'une différence de cet ordre. Pareillement, la différentielle de l'angle formé par la tangente avec l'axe des abscisses est

exprimée par $\dfrac{\dfrac{d^2y}{dx^2}}{1 + \dfrac{dy^2}{dx^2}}$: cette quantité a encore la même

valeur pour la courbe et pour le cercle, puisque, par hypothè e, les dérivées première et seconde sont égales des deux côtés. Donc les accroissements T'IT, Tit' ne diffèrent entre eux que par un infiniment petit du second ordre.

De là résulte que la limite du rapport de l'arc à l'angle, appartenant à la courbe, est identique à la limite du rapport des quantités analogues, appartenant au cercle. Or ce dernier rapport est constant, quelle que soit la grandeur de l'arc, et est égal au rayon. Ainsi le rayon du cercle osculateur est exprimé par $\lim \dfrac{MM'}{T'IT}$ ou par $\lim \dfrac{\Delta s}{\Delta V}$, en appelant s la longueur de la courbe et V l'angle de la tangente avec l'axe des abscisses. En d'autres termes, il se confond avec le rayon du cercle de courbure. Cette conséquence est directement fondée, on le voit, sur la définition même du cercle osculateur, puisqu'elle nécessite que les dérivées première et seconde de la courbe soient égales à celles du cercle.

74. — Il y a une remarque à faire sur l'ordre de l'infiniment petit qui représente la différence des ordonnées des deux courbes à partir du point de contact.

Nous avons dit que pour le contact de l'ordre n, la différence correspondant à un accroissement infiniment petit de l'abscisse est de l'ordre $n+1$. Dans la circonstance particulière où la tangente commune aux deux courbes serait parallèle à la direction des ordonnées, l'ordre de la différence serait moins élevé d'une unité. Ainsi, pour le contact simple, la différence, au lieu d'être du second ordre, serait du premier. Il est facile de s'en convaincre; car soient les deux courbes AB, A'B' (fig. 11), dont la tangente commune en M est parallèle à l'axe OY. Prenons l'ordonnée voisine P'M'N', et formons le triangle infinitésimal MM'N'.

Dans ce triangle les angles N′ et M sont infiniment petits, puisqu'ils ont pour limite zéro, et l'angle M′ converge

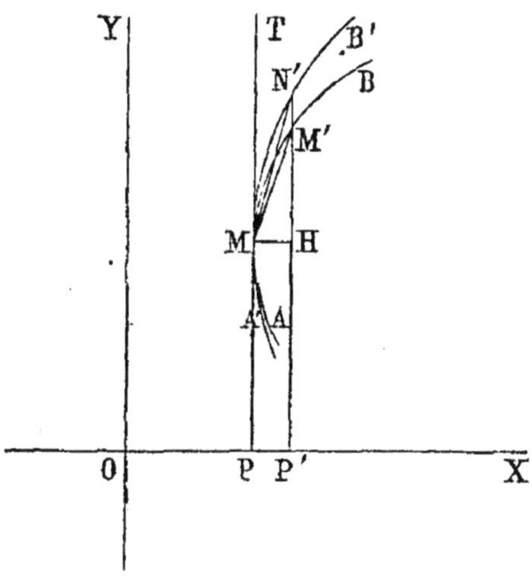

Fig. 11.

vers 180°. Les trois sinus sont donc à la fois infiniment petits, et les trois côtés sont du même ordre de grandeur. La différence N′M′ est du même ordre que MM′ ou que l'accroissement M′H.

Il est bien évident que cette démonstration repose toute entière sur le parallélisme de la tangente MT et de l'ordonnée P′N′ : sans cela, on ne pourrait pas dire que l'angle N′ converge vers zéro. Si l'on considère, par exemple, deux autres courbes AB, A′B′ (fig. 12), pour lesquelles ce parallélisme n'ait pas lieu, et qu'on forme le même triangle MM′N′, on reconnaît que l'angle N′ converge vers l'angle VMP, qui n'est pas nul, tandis que l'angle M continue à avoir pour limite zéro. Donc M′N′ est infiniment

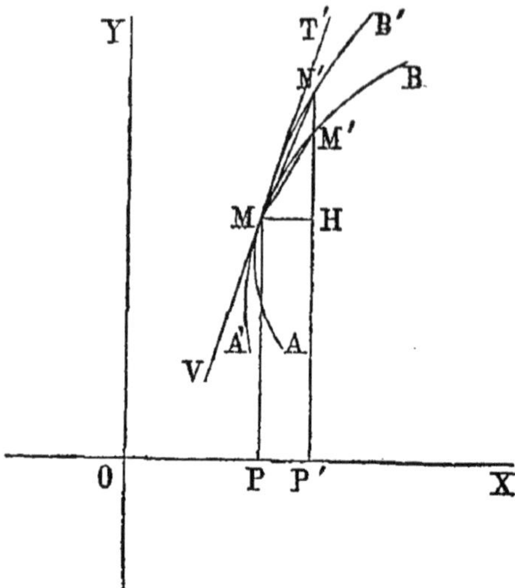

Fig. 12.

petit par rapport à MM′ ou par rapport à l'accroissement M′H.

La particularité que nous venons de signaler est, du reste, indiquée par le calcul : car dans chacune des formules qui donnent l'expression de l'accroissement de l'ordonnée pour les deux courbes, la fonction dérivée prend une valeur infinie, puisque l'angle formé par la tangente à la courbe avec l'axe des abscisses est supposé droit exactement.

Pour le cercle osculateur, la différence des ordonnées serait du second ordre, au lieu d'être du troisième ; et ainsi de suite pour les autres ordres de contact des courbes.

CHAPITRE X.

SUITE DE L'APPLICATION DE LA MÉTHODE INFINITÉSIMALE. — DÉTERMINATION DES COMPOSANTES TANGENTIELLE ET NORMALE DE·LA FORCE ACCÉLÉRATRICE DANS LE MOUVEMENT VARIÉ.

75. — Avant de traiter ce problème, nous rappellerons quelques considérations générales sur les mouvements.

On sait qu'un mouvement rectiligne quelconque est représenté par une équation de la forme $s = f(t)$, dans laquelle t désigne la durée du temps écoulé, et s la longueur parcourue depuis une certaine origine. On sait aussi que la vitesse V est exprimée par $\lim \dfrac{\Delta s}{\Delta t}$ ou $\dfrac{ds}{dt}$, et la force accélératrice P par $\lim \dfrac{\Delta V}{\Delta t}$ ou $\dfrac{dV}{dt}$ ou enfin par $\dfrac{d^2 s}{dt^2}$.

Si, dans la relation $s = f(t)$, on considère t et s comme correspondant respectivement à l'abscisse et à l'ordonnée d'une courbe, on est conduit à établir pour les mouvements rectilignes des théories analogues à celles des courbes.

Ainsi, on dit que deux mouvements *coïncident* à un certain moment, lorsque pour une certaine valeur du temps écoulé ils ont la même vitesse. C'est un phénomène analogue à celui du contact de deux courbes, et il est exprimé par l'égalité des dérivées premières : la différence des espaces parcourus au bout d'un accroissement infiniment petit du temps est une quantité infiniment petite du second ordre. D'une manière générale, on dit que deux mouvements ont une coïncidence de l'ordre n à un certain moment, lorsque la différence des espaces parcourus au bout d'une durée infiniment petite est un infiniment petit de l'ordre $n + 1$. Cette coïncidence est exprimée par l'égalité des dérivées, chacune à chacune, jusqu'à l'ordre n inclusivement.

Le mouvement osculateur d'un mouvement donné est celui qui a avec ce dernier le contact le plus élevé possible, d'après le nombre de paramètres arbitraires que comporte son équation. L'équation la plus générale du mouvement uniforme étant $s = a + bt$, et cette équation renfermant deux paramètres, sa coïncidence avec un mouvement varié ne dépasse pas le premier ordre ; sa vitesse est égale à la dérivée première de l'espace parcouru dans le mouvement varié. L'équation la plus générale du mouvement rectiligne uniformément varié étant $s = a + bt + ct^2$, sa coïncidence peut être poussée jusqu'au second ordre. Il joue donc, à l'égard des mouvements rectilignes variés, un rôle analogue à celui du cercle osculateur vis-à-vis des courbes. Sa vitesse est exprimée par la dérivée première, et sa force accélératrice par la dérivée seconde de l'espace parcouru. La différence entre les accroissements des longueurs décrites pendant une durée infiniment courte, à partir de la coïncidence des deux mouvements, est un infiniment petit du troisième ordre.

On ramène le mouvement curviligne au rectiligne en le considérant comme provenant de la combinaison de trois mouvements rectilignes s'exerçant chacun le long d'un des axes de coordonnées. La vitesse d'un de ces mouvements partiels est égale à la dérivée première, et la force à la dérivée seconde de la longueur parcourue sur l'axe. En vertu des lois sur la composition des mouvements, la vitesse du mouvement curviligne est égale à $\sqrt{u^2 + v^2 + w^2}$ ou $\dfrac{ds}{dt}$ (en désignant par u, v, w les vitesses suivant les trois axes), et la force accélératrice totale est égale à $\sqrt{X^2 + Y^2 + Z^2}$ (en appelant X, Y, Z les forces partielles suivant les axes). Chacun des mouvements composants a une coïncidence du premier ordre avec le mouvement uniforme ayant pour vitesse la dérivée première; et une coïncidence du second ordre avec le mouvement uniformément varié ayant pour force constante la dérivée seconde. Le mouvement osculateur du second ordre du mouvement curviligne est donc produit par une force constante dont les trois composantes seraient X, Y, Z; c'est-à-dire par une force constante ayant la grandeur et la direction de la force donnée au moment de la coïncidence. La trajectoire décrite sous l'influence d'une telle force et d'une telle vitesse acquise est, comme on sait, une parabole. Le mouvement osculateur du mouvement curviligne est nommé parabolique; et il jouit de la propriété que la différence entre les ordonnées des deux mouvements, prises suivant un axe quelconque, au bout d'une durée infiniment courte à partir de la coïncidence, est un infiniment petit du troisième ordre.

76. — Occupons-nous maintenant de déterminer les composantes tangentielle et normale de la force qui produit un mouvement curviligne.

Soit AB (fig. 13) la trajectoire décrite[1], M la position

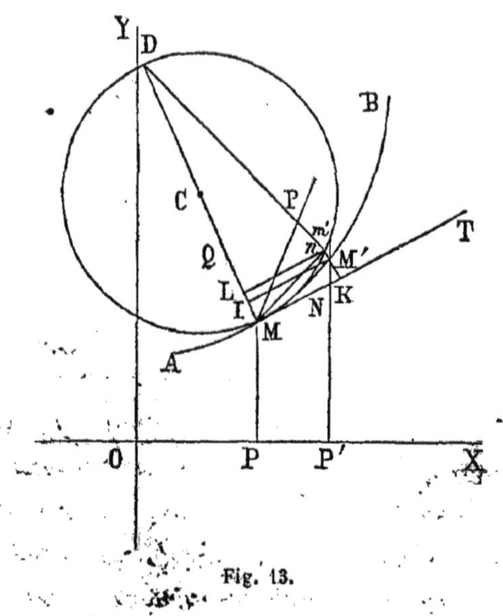

Fig. 13.

du mobile à un certain moment, MP la force accélératrice, et MT, MC les directions de la tangente et de la normale

---

[1] Nous avons supposé, pour plus de simplicité, la trajectoire plane, sur la figure, mais le raisonnement serait le même si elle était à double courbure.

14.

au point M. Nous voulons avoir les composantes T et Q de la force suivant MT et MC.

Si la composante T agissait seule, le mobile, sous l'influence de cette force et de la vitesse acquise, parcourrait pendant le temps infiniment petit Δt une certaine longueur M K. Si la composante Q agissait seule, le mobile parcourrait une certaine longueur M I. En vertu de ces actions simultanées, le mobile parcourt réellement l'arc de courbe M M' et se trouve en M' au bout du temps Δt.

Le mouvement suivant MT étant rectiligne, la force T de ce mouvement est égale à $\dfrac{d^2\sigma}{dt^2}$, en désignant par σ la longueur décrite sur la tangente. Or M'K étant perpendiculaire à M T, la longueur M K ou $\Delta\sigma$ ne diffère que par un infiniment petit du troisième ordre de l'arc M M' ou Δs (n° 62). Donc $\Delta^2\sigma$ et $\Delta^2 s$, qui sont des infiniment petits du second ordre, diffèrent entre eux par un infiniment petit d'ordre supérieur [1], et dès lors peuvent être substitués l'un à l'autre dans les expressions $\lim \dfrac{\Delta^2\sigma}{\Delta t^2}$ et $\lim \dfrac{\Delta^2 s}{\Delta t^2}$, ou $\dfrac{d^2\sigma}{dt^2}$, $\dfrac{d^2 s}{dt^2}$. Donc enfin on obtient :

---

[1] Il est facile de se rendre compte que si la différence entre $\Delta\sigma$ et Δs est du 3ᵉ ordre, la différence entre $\Delta^2\sigma$ et $\Delta^2 s$ sera aussi du 3ᵉ ordre ; car lorsqu'on a à la fois :

$$\Delta\sigma = \Delta s + M\alpha^3,$$
$$\Delta\sigma_1 = \Delta s_1 + M_1\alpha^3,$$

α représentant l'infiniment petit du premier ordre, on en déduit :

$$\Delta\sigma_1 - \Delta\sigma = \Delta s_1 - \Delta s + \alpha^3 (M_1 - M)$$

ou
$$\Delta^2\sigma = \Delta^2 s + \alpha^3 (M_1 - M).$$

$$T = \frac{d^2 s}{dt^2} \quad \text{ou} \quad T = \frac{dV}{dt} \, .$$

Quant à la composante normale Q, on a évidemment :
$Q = \lim \frac{2\,M\,I}{\Delta t^2}$. En effet, h désignant, d'une manière générale, l'accroissement de l'espace parcouru x pendant le temps Δt, dans un mouvement rectiligne quelconque, on a :

$$h = \frac{dx}{dt} \Delta t + \frac{1}{1.2} \frac{d^2 x}{dt^2} \Delta t^2 + \ldots \quad ,$$

ou bien, en appelant u la vitesse et φ la force :

$$h = u \Delta t + \frac{1}{1.2} \varphi \Delta t^2 + \ldots$$

Mais, dans le cas présent, la vitesse suivant MC est nulle au départ du point M : donc $u = 0$, et φ est exprimé par $\lim \frac{2h}{\Delta t^2}$: ce qui est bien la relation ci-dessus $Q = \lim \frac{2\,M\,I}{\Delta t^2}$. Reste à trouver la valeur de M I.

Remarquons d'abord que si je décris le cercle osculateur de la trajectoire en M, et si je prolonge M'K en n, la longueur ML pourra être substituée à MI dans l'ex-

---

[1] L'accroissement h est donc un infiniment petit du 2° ordre. Il ne faut pas s'en étonner ; car la vitesse initiale étant nulle, cet espace parcouru est dû uniquement à la force. Or une force finie ne peut, dans un temps infiniment petit, faire décrire qu'une longueur infiniment petite par rapport au temps.

pression $\lim \dfrac{2\,\mathrm{M\,I}}{\Delta t^2}$. En effet, L I ou n M$'$ est du même ordre que m$'$ M$'$ — comme il est facile de s'en convaincre par l'inspection du petit triangle M$'\,n\,m'$. — Donc L I est un infiniment petit du troisième ordre, c'est-à-dire d'un ordre supérieur à M I, qui est du second. D'autre part,

dans le triangle rectangle M n D, on a $\mathrm{M\,L} = \dfrac{\overline{\mathrm{M}\,n}^2}{\mathrm{M\,D}}$; mais

à la corde M n on peut substituer son arc, ou même M M$'$, puisque ces quantités ne diffèrent entre elles que par un infiniment petit du troisième ordre, et qu'on doit passer aux limites. Quant à la ligne M D, c'est le double du rayon de courbure R. Il en résulte $\mathrm{M\,L} = \dfrac{\Delta s^2}{2\,\mathrm{R}}$, et, par suite :

$$Q = \lim \frac{\Delta s^2}{\mathrm{R}\,\Delta t^2} \; ; \quad \text{d'où enfin :}$$

$$Q = \frac{\mathrm{V}^2}{\mathrm{R}} \; ;$$

ce qui est l'expression qu'on a coutume de donner à la composante normale[1].

---

[1] Cette démonstration paraîtra peut-être longue, beaucoup plus longue assurément que celle donnée dans la plupart des traités. Mais il s'agit ici, avant tout, de montrer ce qui assure la rigueur de la méthode infinitésimale. Il ne nous était donc pas loisible de passer légèrement sur les points intermédiaires, et il fallait mettre en évidence, chaque fois, les principes qui donnent le droit de remplacer telle quantité infinitésimale par telle autre. Si les démonstrations ordinaires sont plus rapides, c'est parce qu'on y sous-entend les considérations que nous avons tenu à formuler explicitement. C'est d'ailleurs ce qui ressortira davantage des chapitres suivants.

CHAPITRE XI.

77. — La faculté de remplacer l'une par l'autre, dans
un calcul de limites, deux quantités infiniment petites qui
ne diffèrent entre elles que par un infiniment petit d'ordre
supérieur, revient à considérer ces quantités comme identiques au point de vue du calcul à effectuer. En d'autres
termes, on peut les *assimiler* l'une à l'autre, et s'en servir indifféremment dans le cours du raisonnement. De là
le nom de *méthode d'assimilation*, par lequel on peut
désigner ce mode de démonstration.

En se plaçant à un semblable point de vue, on réussit

à abréger sensiblement le discours; et cela se conçoit, puisque, étant admis une fois pour toutes que les quantités sont parfaitement assimilables, il devient inutile, à chaque substitution opérée dans la suite du calcul, de rappeler les principes qui rendent cette substitution légitime. Nous avons vu, par exemple, que la différence entre un arc de courbe infiniment petit et la portion de la tangente interceptée par les mêmes ordonnées, est une quantité infiniment petite du second ordre, et que dès lors ces deux longueurs peuvent être remplacées l'une par l'autre dans toutes les expressions de limites de sommes ou de limites de rapports. Nous énoncerons cette vérité en d'autres termes, en disant que l'arc de courbe peut être assimilé à une droite, sur une portion infiniment petite de sa longueur; et quand nous aurons à figurer cet arc géométriquement, nous lui donnerons une apparence rectiligne. Les relations déduites de l'examen de la figure seront toujours établies en supposant que cet arc est effectivement une très-petite ligne droite. De même, dans un mouvement rectiligne varié, l'espace parcouru au bout d'une durée infiniment petite, ne diffère que par un infiniment petit du second ordre de celui qui serait parcouru si la vitesse demeurait constante. On assimile donc ces espaces l'un à l'autre, ou, ce qui revient au même, on considère le mouvement varié comme uniforme pendant un temps infiniment court. On dit aussi que l'élément[1]

---

[1] Il faut se garder d'attacher au mot *élément*, ainsi employé, l'idée d'aucune *partie constitutive*. L'élément n'est pas une portion déterminée de la grandeur considérée. Ce terme est simplement synonyme d'*infiniment petit*. Quand on dit que les éléments d'une courbe sont rectilignes, cela signifie que, sur une longueur infiniment petite, l'arc de courbe peut,

d'une courbe est rectiligne, et que l'élément d'un mouvement varié est uniforme.

C'est d'après le même ordre de considérations que l'accroissement infiniment petit d'une quantité est désigné par la différentielle, et que, selon les besoins du calcul, on écrit indifféremment dans les formules Δy ou dy ; bien que ces symboles ne corrrespondent pas, en réalité, à des grandeurs identiques, mais parce que la différence entre elles est un infiniment petit d'ordre supérieur. Cette assimilation s'étend aux diverses catégories de différentielles, et on écrit à volonté $\Delta^2 y$ ou $d^2 y$, $\Delta^3 y$ ou $d^3 y$, etc., etc.

Pour bien apprécier la méthode dont nous parlons, il convient de l'étudier sur divers exemples. Aussi reprendrons-nous, à ce nouveau point de vue, les principaux cas traités précédemment, et nous rechercherons de quelle manière la forme du raisonnement se trouve modifiée.

78. — Occupons nous de déterminer la longueur d'un arc de courbe A B (fig. 14).

Soit M M' un élément de la courbe. Menons les coordonnées MP, M'P', des extrémités, et traçons MH parallèle à l'axe des abscisses. Le triangle MM'H étant rectangle, on a :

$$M M' = \sqrt{\overline{MH}^2 + \overline{M'H}^2} \ .$$

Or MH, M'H et MM' représentent rectivement les diffé-

au point de vue d'un calcul de limites, être considéré comme une ligne droite, et les formules être établies en conséquence.

rentielles de l'abscisse, de l'ordonnée et de l'arc de la

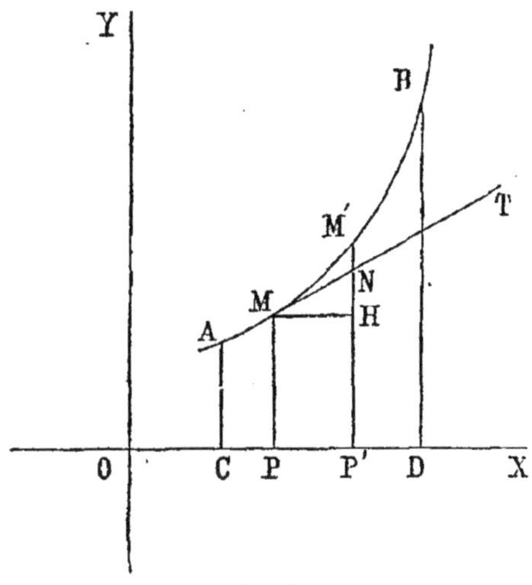

Fig. 14.

courbe, c'est-à-dire dx, dy et ds. Cette relation prend donc la forme suivante :

$$ds = \sqrt{dx^2 + dy^2} \qquad \text{ou} \qquad ds = dx \sqrt{1 + \frac{dy^2}{dx^2}} \quad ;$$

d'où, en désignant par x_0 et x_1 les abscisses OC et OD des extrémités de l'arc donné :

$$s = \int_{x_0}^{x_1} dx \sqrt{1 + \frac{dy^2}{dx^2}} \cdot$$

Cette intégrale a la forme voulue $\int f(x)\, dx$, puisque $\frac{dy^2}{dx^2}$ est le carré de la dérivée de la fonction qui exprime l'ordonnée de la courbe.

Le procédé dont nous venons de faire usage est bien plus expéditif que celui qui est présenté au n° 69. Mais il est visible que sa plus grande simplicité tient uniquement à ce qu'on y sous-entend certains principes formulés explicitement au numéro précité. En effet, pour que la relation fondamentale des triangles rectangles soit applicable au contour $MM'H$, il faut que MM' soit une ligne droite ou puisse être considérée comme telle. D'autre part, pour que $M'H$ puisse être remplacée par dy, il faut que le point M' appartienne réellement à la tangente MT. De ces deux conditions réunies, il suit que l'arc MM' est implicitement assimilé à la portion MN de la tangente MT. Or, ce qui fait la légitimité de cette assimilation, c'est précisément la faculté de remplacer les uns par les autres des infiniment petits qui ne diffèrent entre eux que par un infiniment petit d'ordre supérieur. C'est le même motif qui permet d'écrire immédiatement ds au lieu de MM' ou Δs ; car la différentielle et l'accroissement sont égaux, à un infiniment petit près du second ordre. En résumé, la méthode ci-dessus n'est plus rapide qu'en apparence, et elle présuppose la démonstration rigoureuse des théorèmes relatifs aux infiniment petits.

79. — Évaluons maintenant la surface $ABDC$ (fig. 15) comprise entre la courbe AB, l'axe des abscisses et les ordonnées AC, BD.

Soit $MPP'M'$ un élément de la surface, c'est-à-dire une bande correspondant à l'élément MM' de la courbe. L'aire de ce trapèze infinitésimal est égale à la hauteur PP' multipliée par np, parallèle à la base MP, et à égale distance de cette base et de $M'P'$. On a donc :

$$\mathrm{M\,P\,P'\,M'} = np \times \mathrm{P\,P'}$$

Mais $\mathrm{PP'}$ et $\mathrm{M\,P\,P'\,M'}$ représentent respectivement les diffé-rentielles dx et $d\mathrm{A}$ de l'abscisse et de l'aire cherchée.

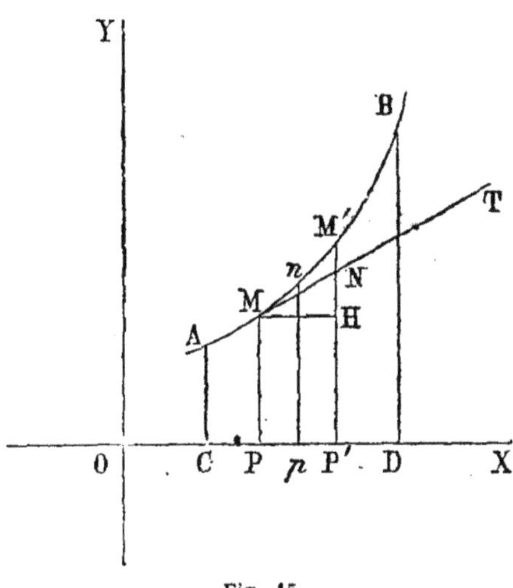

Fig. 15.

Quant à np, infiniment voisin de MP, on peut le rempla-cer par y. Il en résulte :

$$d\mathrm{A} = y\,dx\;,$$

et, en intégrant,
$$\mathrm{A} = \int_{x_0}^{x_1} y\,dx.$$

Il y a lieu de faire les mêmes remarques que pour la question précédente ; car ce sont encore les mêmes prin-cipes qu'on sous-entend pour donner plus de simplicité apparente au raisonnement. Si $\mathrm{M\,P\,P'\,M'}$ est un trapèze, c'est parce que $\mathrm{M\,M'}$ est assimilé à une ligne droite ; et si

np est remplacé par y, c'est parce que ces deux droites, qui sont finies, diffèrent d'une quantité infiniment petite[1]; si enfin $M\,P\,P'M'$ est représenté par dA, c'est parce que la différentielle de l'aire et son accroissement peuvent être substitués l'un à l'autre. En y regardant de près, nous retrouvons ainsi tous les éléments des démonstrations données antérieurement.

[1] On peut dire aussi que la substitution de y à np revient à substituer le rectangle $M\,P\,P'\,H$ au trapèze $M\,P\,P'\,M'$. C'est à cette conclusion que nous arrivions au n° 66, et cela parce que le rectangle et le trapèze ne diffèrent entre eux que par un infiniment petit du second ordre.

CHAPITRE XII.

SUITE DE LA MÉTHODE D'ASSIMILATION. —
APPLICATION A LA THÉORIE DES CONTACTS ET AU CERCLE
OSCULATEUR.

80. — Dans la méthode d'assimilation, on dit que deux courbes qui ont un contact de l'ordre n, peuvent être considérées comme ayant n éléments consécutifs communs ou $n + 1$ points communs infiniment voisins. C'est la généralisation du point de vue relatif au contact simple ou contact du premier ordre : la courbe est considérée comme ayant un élément commun avec sa tangente.

Il importe d'expliquer l'origine et le véritable sens de cette locution.

On sait que le contact de deux courbes est appelé de l'ordre n, lorsque la différence des ordonnées relatives à un accroissement infiniment petit de l'abscisse est une quantité infiniment petite de l'ordre $n+1$; et cette condition est elle-même remplie lorsque les fonctions des deux courbes, et leurs dérivées jusqu'à l'ordre n inclusivement, sont égales chacune à chacune, ou, ce qui revient au même, lorsqu'on a la suite de relations :

$$\lim \frac{\Delta y}{\Delta x} = \lim \frac{\Delta Y}{\Delta x} ,$$

$$\lim \frac{\Delta^2 y}{\Delta x^2} = \lim \frac{\Delta^2 Y}{\Delta x^2} ,$$

$$\lim \frac{\Delta^3 y}{\Delta x^3} = \lim \frac{\Delta^3 Y}{\Delta x^3} ,$$

$$. \quad . \quad . \quad . \quad . \quad . \quad .$$

$$\lim \frac{\Delta^n y}{\Delta x^n} = \lim \frac{\Delta^n Y}{\Delta x^n} ;$$

y et Y désignant respectivement les ordonnées des deux courbes.

Or prenons sur l'une des deux courbes, à partir du point de contact x, y, un second point dont les coordonnées soient $x + \Delta x$ et $y + \Delta y$. La différence Δy représente la différence des ordonnées de ces deux points, et la dérivée $\frac{dy}{dx}$ ou $\lim \frac{\Delta y}{\Delta x}$ correspond à la considération de deux points de la courbe.

Si je donne à l'abscisse un nouvel accroissement Δx, il en résultera un nouvel accroissement pour l'ordonnée, et un troisième point sera déterminé sur la courbe. Soit Δy_2 ce nouvel accroissement de y. La différence entre le premier accroissement de l'ordonnée et celui-ci sera, d'après les notations adoptées dans le calcul infinitésimal, représentée par $\Delta^2 y$; et la dérivée $\dfrac{d^2 y}{dx^2}$ ou $\lim \dfrac{\Delta^2 y}{\Delta x^2}$ s'introduit ainsi à la suite de la considération de trois points de la courbe.

Si je fais encore croître l'abscisse de la même quantité, j'aurai un nouvel accroissement Δy_3 de l'ordonnée et un quatrième point sur la courbe. Entre le second, le troisième et ce dernier, je pourrai former une nouvelle différence seconde $\Delta^2 y_2$, comme j'en ai formé une entre le premier, le deuxième et le troisième point. La différence entre ces deux différences secondes est représentée par $\Delta^3 y$; en sorte que la dérivée $\dfrac{d^3 y}{dx^3}$ ou $\lim \dfrac{\Delta^3 y}{\Delta x^3}$ s'introduit à la suite de la considération de quatre points de la courbe.

En continuant à raisonner ainsi, on voit que la dérivée $\dfrac{d^n y}{dx^n}$ implique, pour ainsi dire, qu'on envisage sur la courbe $n+1$ points consécutifs, obtenus en augmentant chaque fois l'abscisse de la quantité Δx.

D'après cela, quand on suppose que les courbes ont un contact de l'ordre n, ou que les n premières dérivées de leurs fonctions sont égales chacune à chacune, on se trouve dans le même cas que si ces deux courbes avaient $n+1$ points consécutifs communs; ce qui signifie que si ces $n+1$ points étaient communs en effet, les dérivées auxquelles pourrait donner lieu la considération des différences de divers ordres de leurs coordonnées, seraient entre elles dans les mêmes relations que lorsqu'on suppose simplement l'existence d'un seul point commun et un contact de l'ordre n en ce point. C'est dans ce sens uniquement qu'on doit entendre que deux courbes ont $n + 1$ points ou n éléments communs.

D'après ces locutions, on définit la courbe osculatrice d'une courbe donnée en disant que c'est celle qui a avec elle autant de points communs qu'il y a de constantes ou de paramètres arbitraires dans son équation. La ligne droite a donc, ainsi que nous l'avons déjà dit, un seul élément commun avec une courbe, et le cercle osculateur en a deux.

81. — Les personnes qui débutent dans l'étude de l'analyse, et qui entendent dire que deux courbes dont le contact est de l'ordre n, ont $n + 1$ point communs infiniment rapprochés, conservent parfois des idées très-vagues et souvent même fausses de cette manière d'exprimer le phénomène. Aussi croyons-nous devoir donner encore quelques explications.

Au fond, deux courbes ne peuvent pas plus avoir $n + 1$ point communs, qu'il n'est possible à la droite tangente d'en avoir deux et au cercle osculateur d'en avoir trois. Quelque intime que soit le contact, les lignes se touchent toujours par un point unique[1]. Ce qui distingue le contact de la simple rencontre, et, parmi les divers contacts, ce

---

[1] Ce point de vue était nettement accusé dans la géométrie ancienne, où l'on définissait lignes tangentes celles qui se touchent par un seul point. Cette définition, bien que devenue insuffisante par suite des travaux de généralisation réalisés par la géométrie moderne, n'en est pas moins le véritable germe de toute notion juste du contact.

qui en marque le degré, c'est la manière dont les lignes se comportent dans les environs du point commun. D'une manière absolue et en la prenant à la lettre, l'expression d'*éléments* communs à deux lignes ne signifie rien. Dans une ligne il n'y a pas d'éléments *indivisibles*, conçus comme réunissant deux points réellement *consécutifs* ou entre lesquels aucun autre point ne pourrait se trouver. Il y a des arcs plus ou moins étendus, comprenant toujours, malgré leur extrême petitesse, *un nombre infini de points géométriques*. La coïncidence de deux lignes, le long d'un élément, même réduit au-dessous de toute grandeur imaginable, impliquerait leur parfaite identité dans toute leur étendue ; car deux lignes ne peuvent jamais avoir qu'un nombre *limité* de points communs, en rapport avec le nombre de paramètres de leurs équations. Lors donc qu'on parle d'un élément commun à deux lignes, cela signifie que, dans un calcul de limite, on pourra remplacer une portion infiniment petite d'une de ces lignes par la portion correspondante de l'autre.

82. — Passons à la recherche du cercle osculateur d'une courbe donnée A B (fig. 16).

D'après ce que nous avons dit au commencement de ce chapitre, le cercle a trois points consécutifs communs avec la courbe, à partir du point de contact M. Si donc nous donnons à x des accroissements égaux PP′, P′P″, les points correspondants M′, M″ de la courbe appartiendront au cercle en même temps que le point M. Le centre C sera déterminé par la rencontre des perpendiculaires IC, I′C, menées respectivement par le milieu des éléments MM′, M′M″. La valeur du rayon s'ensuit

nécessairement ; car la figure I C I′ étant un secteur circu-
laire, le rayon est égal à l'arc divisé par l'angle au centre :

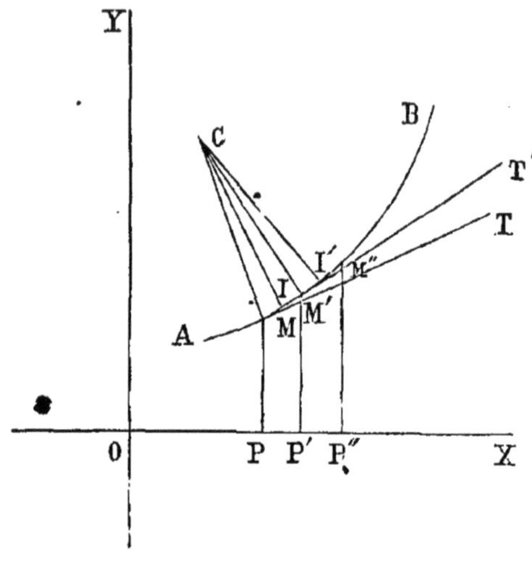

Fig. 16.

donc IC ou R a pour expression $\dfrac{\text{arc } I\,I'}{\text{angle } I\,C\,I'}$. Mais I I′ est
égal à la demi-somme de MM′ + M′M″, ou à la demi-
somme de $2\,ds$, ou à ds. Quant à l'angle I C I′, il est égal
à l'angle M C M′, ou à l'angle formé par les deux tangentes
menées en M et M′, ou enfin à la différentielle dV de
l'angle formé par la tangente avec l'axe des abscisses.
Il vient en conséquence :

$$R = \frac{ds}{dV}, \quad \text{ou} \quad \frac{1}{R} = \frac{dV}{ds};$$

expression dans laquelle il n'y a plus qu'à remplacer dV
et ds par leurs valeurs connues.

15.

En se reportant aux chapitres précédents, on reconnaît sans peine : 1° que la formule est identique à celle trouvée au n° 73 ; 2° que la manière même de trouver ce rayon, dans la présente méthode, montre clairement son identité avec le rayon de courbure, puisqu'on exprime qu'il est égal à un arc infiniment petit de la courbe divisé par l'angle des tangentes menées aux extrémités de cet arc.

La même construction apprend encore que le centre du cercle osculateur peut être considéré comme déterminé par l'intersection de deux normales *infiniment voisines* de la courbe ; ce qui signifie que deux normales étant menées à deux points de la courbe, et ces normales étant ensuite rapprochées de plus en plus, leur point de rencontre tend à passer par le centre du cercle osculateur.

La marche que nous venons de suivre pour résoudre ce problème, et qui nous a conduit très-simplement au résultat, emprunte évidemment toute sa rigueur aux principes déjà démontrés sur les infiniment petits. Nous avons supposé en effet : 1° que les points de la courbe appartenaient au cercle osculateur, ou que l'angle de deux tangentes consécutives de la courbe ne différaient point de l'angle des tangentes correspondantes du cercle ; 2° que l'arc de la courbe ne différait point de l'arc de la circonférence ; 3° que les accroissements de la longueur de la courbe et de l'angle formé par la tangente avec l'axe des abscisses étaient égaux à leurs différentielles. Ces diverses hypothèses ne seraient pas légitimes, si l'on n'avait pas préalablement établi les ordres comparatifs de grandeur des diverses quantités considérées, et si l'on n'avait pas démontré que deux infiniment petits, dont la différence est d'un ordre supérieur, peuvent être substitués l'un à l'autre dans un calcul de limites.

83. — Il est aisé de voir que le raisonnement ne s'appliquerait plus si, au lieu du cercle osculateur, il s'agissait d'un cercle tangent quelconque. En effet, ce raisonnement s'appuie, comme nous venons de le dire, sur ce que l'angle des deux tangentes consécutives de la courbe peut être remplacé par l'angle des tangentes correspondantes du cercle. Or, si nous considérons le triangle infinitésimal ayant pour sommet le point de rencontre des deux tangentes consécutives de la courbe, et pour base la partie de l'ordonnée du second point interceptée par la tangente du premier, cette base est un infiniment petit du second ordre par rapport aux autres côtés du triangle. Par conséquent l'angle des tangentes est un infiniment petit du premier ordre. Si l'on envisage le triangle analogue formé par les tangentes du cercle, la base de ce triangle différera de celle du précédent de toute la partie de l'ordonnée comprise entre la courbe et le cercle. Lorsque le cercle est simplement tangent, cette différence est du second ordre ou de l'ordre de la base elle-même ; et l'angle des tangentes du cercle diffère de l'angle des tangentes de la courbe par un infiniment petit du même ordre que ces angles. La substitution n'est donc pas possible. Mais lorsque le cercle est osculateur, la portion d'ordonnée comprise entre lui et la courbe est du troisième ordre, d'où il suit que la différence des angles est d'un ordre supérieur à l'ordre de ces angles eux-mêmes. Dès lors ils peuvent être remplacés l'un par l'autre ; et c'est ce qu'implique la démonstration précédente.

Cette distinction entre les conclusions qu'on peut tirer, selon qu'on est en présence d'un cercle osculateur ou d'un cercle simplement tangent, nous montre l'attention qu'il faut apporter à se servir de la méthode d'assimilation. On doit être en garde contre le danger de s'appuyer sur de fausses assimilations, dans le cours du raisonnement, et on n'y échappe qu'en ayant toujours présent à l'esprit l'ordre de grandeur des divers infiniment petits auxquels on a affaire.

CHAPITRE XIII.

SUITE DE LA MÉTHODE D'ASSIMILATION. — APPLICATION A LA RECHERCHE DES COMPOSANTES TANGENTIELLE ET NORMALE DE LA FORCE ACCÉLÉRATRICE DANS UN MOUVEMENT QUEL-CONQUE.

84. — La coïncidence des mouvements donne lieu à des assimilations analogues à celles du contact des courbes.

Quand deux mouvements rectilignes variés ont une coïncidence de l'ordre n, c'est-à-dire quand les espaces parcourus au bout d'une durée infiniment petite n'ont entre eux qu'une différence de l'ordre $n+1$, on dit que ces mouvements se confondent ou sont assimilables l'un à l'autre pendant n instants consécutifs. Les considérations qui motivent cette locution sont de même nature que celles qui font l'objet du n° 80 : aussi croyons-nous inutile de les reproduire.

Le mouvement osculateur d'un mouvement donné est celui qui se confond avec lui pendant le plus grand nombre possible d'instants consécutifs. Un mouvement varié est donc considéré comme se confondant :

Pendant un instant, à partir du point de coïncidence, avec le mouvement osculateur du premier ordre, c'est-à-dire avec le mouvement uniforme qui a pour vitesse celle du mouvement varié au point de coïncidence ;

Pendant deux instants, à partir du point de coïncidence, avec le mouvement osculateur du second ordre, c'est-à-dire avec le mouvement uniformément varié qui a pour force constante celle qui sollicite le mobile au point même de la coïncidence ;

Et ainsi de suite pour un nombre d'instants de plus en plus grand.

Le mouvement osculateur du second ordre d'un mouvement curviligne quelconque, est, d'après ce qu'on a vu au n° 75, le mouvement parabolique ; on le considère comme se confondant avec lui pendant deux instants consécutifs. En d'autres termes, un mouvement curviligne est assimilé, pendant deux instants consécutifs, au mouvement qui serait engendré par une vitesse initiale et par une force constante en grandeur et en direction.

85. — Cela posé occupons-nous de déterminer à un moment donné la grandeur des composantes tangentielle et normale de la force variable qui produit un mouvement curviligne quelconque.

Soit A B (fig. 17), la trajectoire parcourue par le mobile, et M le point pour lequel il s'agit de trouver les composantes de la force motrice. Soient M M′ et M′ M″ les éléments décrits à partir de ce point, pendant deux instants consécutifs dt.

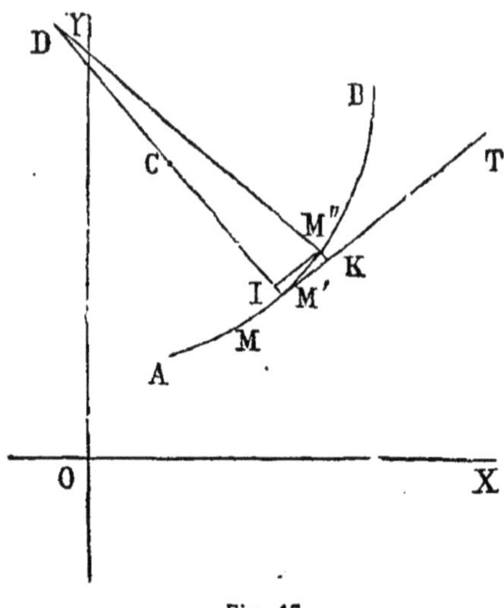

Fig. 17.

Le mouvement peut être considéré comme uniforme le long de l'élément M M', en sorte qu'on a : $V = \dfrac{M\,M'}{dt} = \dfrac{ds}{dt}$.

Si la force cessait d'agir au delà du point M', le mouvement se continuerait uniformément sur M' T, prolongement de M M'. C'est précisément l'influence de la force, pendant l'instant suivant, qui fait parcourir au mobile l'élément M' M'', distinct de la droite M' T.

Si nous formons le rectangle M' K M'' I, et que nous concevions la force décomposée suivant la tangente M' T et la normale M' C, la longueur M' K représentera l'espace parcouru sous l'influence de la vitesse V et de la composante tangentielle T ; et la longueur M' I représentera l'espace parcouru sous l'action de la composante normale Q.

La force motrice étant constante pendant ce temps infiniment petit, les composantes le sont aussi, et l'on a :

1° Pour le mouvement rectiligne sur $M'T$,

$$T = \frac{dV}{dt} = \frac{d^2s}{dt^2} ;$$

2° Pour le mouvement rectiligne sur $M'C$,

$$Q = \frac{2M'I}{dt^2}{}^{(1)} ;$$

or, dans le triangle rectangle $M'M''D$, formé par le diamètre du cercle osculateur et les cordes $M'M''$ et $M''D$, le segment $M'I$ est égal à $\dfrac{\overline{M'M''}^2}{M'D}$ ou à $\dfrac{ds^2}{2R}$. On en déduit :

$$Q = \frac{\overline{M'M''}^2}{Rdt^2} = \frac{ds^2}{Rdt^2} = \frac{V^2}{R} .$$

Ces valeurs de T et de Q, déterminées pour le point M',

---

[1] L'équation de tout mouvement rectiligne produit par une force constante, et sans vitesse initiale, est

$$\varepsilon = \tfrac{1}{2} \varphi \tau^2 , \text{ d'où } \varphi = \frac{2\varepsilon}{\tau^2} ;$$

φ étant la force, ε l'espace parcouru et τ le temps employé. Or dans le mouvement suivant la normale $M'C$, l'espace parcouru est $M'I$, le temps est dt, et il n'y a pas de vitesse initiale au point de départ M', dans le sens de $M'C$: donc $Q = \dfrac{2M'I}{dt^2}$.

conviennent également pour le point M ; attendu que ces points étant infiniment voisins, la force est demeurée constante dans l'intervalle.

86. — Voilà certes, comme nous l'annoncions à la fin du nº 76 (renvoi de la page 214), une démonstration beaucoup plus simple et rapide que celle obtenue par la méthode ordinaire. Mais au risque de trop nous répéter, qu'on nous permette encore de faire ressortir la complète identité, quant au fond, de cette démonstration avec celle du numéro précité.

Si nous avons pu considérer la force comme constante pendant un temps infiniment petit, c'est parce que l'espace parcouru sous l'action d'une pareille force ne diffère que par un infiniment petit d'ordre supérieur de l'espace parcouru sous l'action d'une force constante ; et si nous avons pu regarder $M'M''$ comme appartenant au cercle osculateur, c'est parce que l'arc de courbe ne diffère de l'arc de cercle que par une quantité infiniment petite relativement à ces arcs eux-mêmes. Si enfin nous avons pu remplacer l'accroissement de l'arc par sa différentielle, et considérer $M'M''$ comme étant aussi bien une corde du cercle qu'une portion de circonférence, c'est toujours parce que ces hypothèses introduisent des erreurs d'un tel ordre de petitesse, que les valeurs des limites n'en sont point altérées.

87. — Une des choses qui étonnent le plus les commençants, dans le problème précédent, c'est la diversité des points de vue sous lesquels on envisage le phénomène, selon les quantités qu'on se propose de calculer. Ainsi,

quand il s'agit d'obtenir la vitesse, on admet que le mouvement est uniforme ; quand on évalue la composante tangentielle, on le regarde comme rectiligne et uniformément varié ; enfin quand on cherche la composante normale, on suppose que la direction varie d'un instant à l'autre. Ces diverses hypothèses sont marquées dans les formules dont nous avons fait usage : 1° nous avons écrit $V = \dfrac{MM'}{dt}$,

ce qui est la même relation qu'on obtiendrait dans le cas où MM' serait parcouru d'un mouvement uniforme ; 2° nous avons posé $T = \dfrac{dV}{dt}$, ce qui implique que l'accroissement de la vitesse, qui s'accomplit effectivement sur l'arc de courbe, peut être considéré comme ayant lieu sur la droite $M'T$; 3° nous avons admis $Q = \dfrac{2M'I}{dt^2}$, ce qui implique que le mouvement affecte une direction distincte de la tangente $M'T$, sans quoi $M'I$ serait identiquement nul. Il est facile de se rendre compte de la raison d'être de chacune de ces hypothèses.

1° La vitesse étant exprimée par la limite du rapport de la longueur décrite au temps employé, on peut remplacer cette longueur par toute autre qui n'en diffère que par un infiniment petit du *second ordre.* On peut donc considérer MM' comme étant décrit avec une vitesse constante.

2° La composante tangentielle étant exprimée par la limite du rapport de l'accroissement de la vitesse au temps, sur la tangente, ou par la limite du rapport de la différence seconde de la longueur parcourue au carré du temps employé, on peut remplacer cette différence seconde par toute autre quantité qui en diffère par un infiniment petit du *troisième ordre* : or les éléments M'M'' et M.K ont entre eux une différence du troisième ordre ; on peut donc les remplacer l'un par l'autre, ou considérer le mouvement comme s'exerçant suivant la tangente.

3° La composante normale étant égale à $\frac{2M'I}{dt^2}$, et M'I étant par conséquent du second ordre, on ne pourrait remplacer M'I que par une quantité dont la différence avec M'I serait du troisième ordre. Or, si l'on supposait le mouvement dirigé suivant M'T ou suivant toute direction autre que M'M'', cela reviendrait à annuler M'I ou à le remplacer par une quantité dont la différence serait du second ordre ; ce qui altérerait la valeur de la limite. Voilà pourquoi il est nécessaire de tenir compte du changement de direction entre M M' et M'M'' pour avoir la valeur de la composante normale [1].

---

[1] On peut constater comment la démonstration tient compte de ce que c'est suivant la tangente et la normale, et non pas suivant d'autres directions que la décomposition de la force accélératrice est supposée effectuée. Dans la recherche de la composante tangentielle, ce qui permet d'écrire $T = \frac{d^2 s}{dt^2}$, ou ce qui permet de substituer l'arc de courbe M'M'' à la portion de tangente M'K, c'est parce que ces éléments ne diffèrent entre eux que par un infiniment petit du 3e ordre ; et s'il en est ainsi, c'est parce que M''K est perpendiculaire à M'T, ou parce que la force motrice est décomposée suivant les directions de la tangente et de la normale. Si l'on adoptait une direction différente de la normale, la différence entre les éléments de la courbe et de la tangente serait du 2e ordre, ce qui ne permettrait plus la substitution.

CHAPITRE XIV.

88. — Si nous envisageons dans leur ensemble les considérations présentées dans les chapitres précédents, nous pourrons nous rendre compte plus exactement que nous ne l'avons fait au début de ce livre, de l'objet de la méthode infinitésimale et de son véritable rôle dans l'analyse.

L'objet de la méthode infinitésimale est, comme nous l'avons déjà indiqué, de ramener à une application de calcul différentiel ou intégral, c'est-à-dire à une pure affaire d'algèbre, le calcul des quantités qu'on ne sait pas exprimer directement en fonction des éléments connus de la question.

Pour y parvenir, on considère ces quantités comme des limites de rapports ou des limites de somm es de termes infiniment petits.

Il faut ensuite donner à ces rapports et à ces sommes une forme analytique qui permette d'en calculer les limites par les procédés de la différentiation ou de l'intégration ; ce qui conduit à chercher des relations entre les infiniment petits qui forment les termes de ces rapports ou de ces sommes, et les éléments de la question.

Cette élaboration est entièrement fondée sur le *Principe de la substitution des quantités infinitésimales*, d'après lequel on peut remplacer l'un par l'autre, dans un calcul de limites, deux infiniment petits qui ne diffèrent entre eux que par un infiniment petit d'ordre supérieur. Ce principe sert non-seulement à faciliter l'établissement des relations dont il s'agit, mais il est l'essence même de la méthode et la condition nécessaire de son efficacité [1].

Une des manières les plus commodes de faire usage du principe de la subtitution, consiste à *assimiler* les infiniment petits pouvant être substitués l'un à l'autre : de

---

[1] En effet toute l'utilité des considérations infinitésimales vient évidemment de ce que les infiniment petits dont la somme ou le rapport a pour limite la quantité cherchée , ne sont pas des parties *intégrantes* de cette quantité, mais en diffèrent, au contraire, nécessairement. Si, par exemple, au lieu de considérer un arc de courbe comme la limite de la somme des cordes inscrites , on se bornait à le décomposer en une infinité de parties, chacune de ces parties , étant de même nature que l'arc lui-même, offrirait des difficultés identiques pour être exprimée en fonction des éléments connus de la question. On n'échappe à ces difficultés que par la possibilité de substituer à ces parties d'arc d'autres infiniment petits, tels que les cordes inscrites, pour lesquels la recherche des relations ne rencontre pas les mêmes obstacles.

telle sorte que sans montrer chaque fois, dans le cours des raisonnements, qu'on se borne à des applications légitimes de ce principe, on accepte d'avance comme valables les relations obtenues à l'aide des infiniment petits plus simples auxquels les autres ont été assimilés. Mais si une pareille marche est souvent plus rapide, il faut se garder de croire qu'elle soit, quant au fond, distincte de la précédente, et qu'on puisse l'en rendre indépendante.

89. — Lorsque Leibnitz fit connaître sa nouvelle analyse, il la présenta à peu près sous la forme de la méthode d'assimilation. Ainsi, les courbes étaient considérées par lui comme des polygones d'un nombre infini de côtés infiniment petits, les mouvements variés comme une succession de mouvements uniformes, les surfaces courbes comme des polyèdres, etc. En un mot, les quantités étaient, pour ainsi dire, décomposées en *éléments* d'une nature plus simple, dont, par conséquent, les relations devaient être plus faciles à saisir. Cette méthode de décomposition[1] était d'ailleurs basée, comme elle doit l'être, sur le principe de la substitution des quantités. Mais ce principe était plutôt affirmé que démontré ; et l'on n'indiquait pas la cause véritable de sa rigueur, qui provient de ce que la quantité qu'il s'agit, en dernier ressort, de calculer, est une *limite*, c'est-à-dire une quantité fixe, dont la valeur ne peut être influencée par les altérations infiniment petites des divers termes qui y figurent. Il est permis de croire que l'illustre inventeur lui-même ne s'en rendait pas un

---

[1] La dénomination d'*Analyse infinitésimale* (en grec ἀναλύω, *analyser, décomposer*), caractérise parfaitement cette nature de procédé.

compte parfaitement exact; car pressé par les objections
qui lui venaient de divers côtés, il répondait qu'il traitait
les infiniment petits comme des *incomparables*, et qu'il
les négligeait vis-à-vis des quantités finies *comme des
grains de sable par rapport à la mer*[1]. Aussi ne doit-on
pas s'étonner des controverses qui s'engagèrent .pendant

---

[1] Carnot a dépeint cette situation dans le passage suivant :

« Leibnitz, qui le premier donna les règles du calcul infinitésimal, l'établit sur ce principe : qu'on peut prendre à volonté l'une pour l'autre deux
grandeurs finies qui ne diffèrent entre elles que d'une quantité infiniment
petite. Ce principe avait l'avantage d'une extrême simplicité et d'une application très-facile. Il fut adopté comme une espèce d'axiome, et l'on se con-
tenta de regarder ces quantités infiniment petites comme moindres que
toutes celles qui peuvent être appréciées ou saisies par l'imagination. Bientôt ce principe opéra des prodiges entre les mains de Leibnitz lui-même,
des frères Bernouilli, de l'Hôpital, etc. Cependant il ne fut pas à l'abri des
objections : on reprocha à Leibnitz : 1° d'employer l'expression de quantités infiniment petites sans l'avoir préalablement définie ; 2° de laisser
douter, en quelque sorte, s'il regardait son calcul comme absolument
rigoureux, ou comme une simple méthode d'approximation.

L'illustre auteur et les hommes célèbres qui avaient adopté son idée, se
contentèrent de faire voir, par la solution des problèmes les plus difficiles,
la fécondité du principe, l'accord constant de son résultat avec ceux de
l'analyse ordinaire, et l'ascendant qu'il donnait aux nouveaux calculs. Ces
succès multipliés prouvaient victorieusement que toutes objections n'é-
taient que spécieuses; mais ces savants n'y répondirent point d'une manière directe, et le nœud de la difficulté resta. Il est des vérités dont tous
les esprits justes sont frappés d'abord, et dont cependant la démonstration
rigoureuse échappe longtemps aux plus habiles.

« M. Leibnitz, dit d'Alembert, embarrassé des objections qu'il sentait
« que l'on pouvait faire sur les quantités infiniment petites, telles que les
« considère le calcul différentiel, a mieux aimé réduire ses infiniment pe-
« tits à n'être que des incomparables ; ce qui ruinerait l'exactitude géo-
« métrique des calculs. »

(*Réflexions sur la métaphysique du calcul infinitésimal*, p. 25,
4ᵉ édition).

longtemps sur cette question, et qui contribuèrent sans doute à retarder, par les opinions extrêmes qu'elles firent naître, l'établissement des bases véritables de l'analyse.

90. — Parmi les géomètres, les uns, fidèles à l'idée première de Leibnitz, conservèrent sa méthode et cherchèrent à en éclairer les principes pour la mettre à l'abri de toute attaque. Ce qui a manqué à cette élaboration, c'est de fonder le principe de la substitution des quantités sur la considération des limites. Le dernier terme des efforts tentés dans ce sens, a abouti à l'œuvre si connue de Carnot : *Réflexions sur la métaphysique du Calcul infinitésimal.* Cet écrit, remarquable à plus d'un titre, a fait véritablement époque dans l'histoire de l'analyse : aussi mérite-t-il une mention toute spéciale.

Carnot fonde la rigueur de la méthode leibnitzienne sur une conception très-ingénieuse, généralement connue sous le nom de *principe de la compensation des erreurs.* Son argumentation repose essentiellement sur ce que les erreurs, s'il y en avait dans le résultat final, seraient nécessairement de même nature que les quantités infiniment petites qui les ont engendrées. Or, ces quantités, disparaissant toujours par le fait même de la différentiation ou de l'intégration, il n'en subsiste aucune trace dans les équations finales. Celles-ci sont donc nécessairement et rigoureusement exactes.

Une telle démonstration, bien que vraie au fond, n'est pas satisfaisante pour l'esprit, car elle semble confondre le *signe* de l'effet avec la *cause* elle-même. On voit bien que si les quantités infiniment petites ont disparu, le résultat ne peut être erroné, mais on ne voit pas *pourquoi* ces infiniment petits disparaissent inévitablement, et pourquoi en les supprimant on rétablit l'exactitude des relations.

C'est le point qu'éclaire supérieurement la considération des limites ; car s'il est vrai que la limite d'un rapport ou d'une somme d'infiniment petits n'est pas altérée par la présence d'infiniment petits d'ordres supérieurs, on aperçoit très-nettement que le résultat final, qui n'est autre que la valeur même de la limite, ne saurait en garder de trace, et que dès lors il est indifférent de conserver momentanément ou de supprimer tout de suite ces infiniment petits inutiles, destinés, malgré qu'on en ait, à disparaître des relations dernières.

Les équations appelées *imparfaites* par Carnot sont donc, à proprement parler, des équations d'*attente* ou de *transition*, qui sont rigoureuses *en tant qu'on ne les fera servir qu'au calcul des limites,* et qui seraient, au contraire, absolument inexactes, si les limites ne devaient pas être prises effectivement. Il suffit d'avoir présente à l'esprit la destination définitive des calculs, pour n'éprouver aucune incertitude sur la valeur des relations par lesquelles on passe : il faut voir dans chacune d'elles, non pas ce qu'elle paraît exprimer actuellement, mais ce qu'elle exprimera plus tard, quand on prendra les limites.

91. — On nous fera remarquer peut-être que Carnot s'est bien gardé de présenter la solution en ces termes, et qu'il ne s'est pas borné à la recommandation, pour ainsi dire machinale, de supprimer purement et simplement, dans les équations dernières, les infiniment petits qui se seraient introduits dans le cours de l'élaboration.

16.

Réduit à ces termes, un expédient aussi peu philosophique n'aurait pu contenter un esprit comme le sien. Mais il est facile de voir que les règles tracées par l'illustre géomètre, dépouillées des habiletés d'argumentation dont elles sont revêtues, reviennent sensiblement à ce que nous avons indiqué. Telle est, en effet, la suite de l'exposition de Carnot, qui me paraît se résumer dans les trois points suivants :

1°. — « Corollaire IV. *Toute quantité qu'on est maî-* « *tre de supposer aussi petite qu'on le veut, peut* « *être négligée comme absolument nulle, en compa-* « *raison de toute autre quantité qui ne peut être,* « *comme la première, supposée aussi petite qu'on le* « *veut, sans que les erreurs qui peuvent naître ainsi* « *dans le cours du calcul puissent en affecter le ré-* « *sultat, du moment que toutes les quantités arbi-* « *traires en seront éliminées.*

« En effet, en négligeant, comme absolument nulles, « les quantités qui peuvent être supposées aussi petites « qu'on veut, lorsqu'elles se trouvent ajoutées à d'autres « qui ne peuvent de même être supposées aussi petites « qu'on veut, ou qu'elles s'en trouvent retranchées, il est « évident que les erreurs qui pourront en naître dans le « cours du calcul ou en affecter le résultat, pourront être « pareillement supposées aussi petites qu'on le voudra ; « donc il restera dans ce résultat quelque chose d'arbi- « traire, ce qui est contre l'hypothèse, *puisque toutes* « *les quantités arbitraires sont supposées entièrement* « *éliminées* (p. 24, 4ᵉ édition). »

Carnot est ainsi conduit à distinguer des équations qu'il nomme imparfaites : « J'appelle, dit-il, *équation impar-*

« *faite* toute équation dont l'exactitude rigoureuse n'est
« pas démontrée, mais dont on sait cependant que l'er-
« reur, s'il en existe une, peut être supposée aussi petite
« qu'on le veut ; c'est-à-dire telle que, pour rendre cette
« équation parfaitement exacte, il suffit de substituer aux
« quantités qui y entrent, ou seulement à quelques-unes
« d'entre elles, d'autres quantités qui en diffèrent infini-
« ment peu (p. 20). »

2°. — Carnot, tout en prenant pour valeur de la différentielle la quantité que nous avons prise nous-même,
c'est-à-dire le produit de la dérivée par l'accroissement
de la variable indépendante, regarde cette différentielle
comme représentant la différence de la fonction, hypothèse
qui consiste à négliger les infiniment petits d'ordres supérieurs au premier qui entrent dans l'expression de cette
différence. « On entend, dit-il, par le mot de *différen-*
« *tielle* la différence de deux valeurs successives d'une
« même variable (dépendante ou indépendante), lorsque
« l'on considère le système auquel elle appartient, dans
« deux ou plusieurs états consécutifs, dont l'un est regardé
« comme fixe et les autres comme se rapprochant conti-
« nuellement et simultanément du premier jusqu'à en
« différer aussi peu qu'on le veut (p. 41). »

Il suit de là que toute équation dans laquelle la différentielle figure comme expression de la différence est
par là même une équation imparfaite, de la nature de
celles précédemment définies.

3°. — Dans la résolution d'un problème, il arrivera,
d'une part, que les hypothèses faites sur la nature des
quantités, dans le but de simplifier la mise en équation, fourniront immédiatement des équations imparfaites,

dans lesquelles figureront des expressions de différentielles; et, d'autre part, que la substitution des valeurs de ces différentielles, calculées d'après les équations données, apportera une autre cause d'imperfection. Les équations doublement imparfaites ainsi obtenues redeviennent parfaites par la disparition des erreurs qui s'y compensent. On peut étudier cette marche dans les divers problèmes traités par l'auteur; par exemple, dans celui de la recherche de la sous-tangente de la courbe qui a pour équation (n° 72 de l'ouvrage cité)

$$ay^{m+n} = x^{m} (a - x)^{n} \ .$$

La courbe étant considérée comme un polygone d'un nombre infini de côtés, on obtient, en suite de cette hypothèse, une première expression imparfaite de la sous-tangente, $y\dfrac{dx}{dy}$, dans laquelle dy représente une différence. D'autre part, la différentiation de l'équation de la courbe fournit pour $\dfrac{dx}{dy}$ une valeur

$$\frac{(m + n)\, ay^{m+n-1}}{m\, (a - x)^{n}\, x^{m-1} - nx^{m}\, (a - x)^{n-1}} \ ,$$

qu'on doit considérer aussi comme imparfaite, puisque dy, qui est une différence, s'y trouve calculée comme si elle était simplement égale au produit de la dérivée par l'accroissement de la variable. Cette valeur de $\dfrac{dx}{dy}$, substituée dans l'expression de la sous-tangente, donne :

$$\text{sous-tangente} = \frac{(m+n)(a-x)x}{m(a-x)-nx},$$

« équation, dit Carnot, qui, étant dégagée de toute consi-
« dération de l'infini, est rigoureusement exacte, et me
« donne la valeur cherchée de la sous-tangente (p. 60). »

C'est à de semblables résultats que s'applique justement
notre objection ; car *pourquoi* les erreurs se compensent-
elles? Nous voyons bien que cela a lieu, mais nous ne
voyons pas par quelle cause.

Cette difficulté avait été profondément sentie par Lagrange, et c'est ainsi qu'il la met en relief dans sa *Théorie
des fonctions analytiques :*

« Il me semble que comme dans le calcul différentiel,
« tel qu'on l'emploie, on considère et on cacule, en effet,
« les quantités infiniment petites ou supposées infiniment
« petites elles-mêmes, la véritable métaphysique de ce
« calcul consiste en ce que l'erreur résultant de cette
« fausse supposition est redressée ou compensée par celle
« qui naît des procédés mêmes du calcul, suivant lesquels
« on ne retient dans la différentiation que les quantités
« infiniment petites du même ordre. Par exemple, en re-
« gardant une courbe comme un polygone d'un nombre
« infini de côtés chacun infiniment petit, et dont le pro-
« longement est la tangente de la courbe, il est clair qu'on
« fait une supposition erronée ; mais l'erreur se trouve
« corrigée dans le calcul par l'omission qu'on y fait des
« quantités infiniment petites. C'est ce qu'on peut faire voir
« aisément dans des exemples, *mais dont il serait peut-*

« *être difficile de donner une démonstration générale.*»

92. — Tandis que l'école leibnitzienne admettait les infiniment petits et négligeait les limites, d'autres géomètres, au contraire, empruntaient les limites et rejetaient absolument les infiniment petits, obéissant en cela au sentiment que Lagrange exprimait plus tard : « Mais il « faut convenir, dit-il dans sa *Théorie des fonctions ana-* « *lytiques*, que cette idée, quoique juste en elle-même, « n'est pas assez claire pour servir de principe à une « science dont la certitude doit être fondée sur l'évidence, « et surtout pour être présentée aux commençants. » Ils édifièrent donc le calcul infinitésimal sur la notion exclusive des limites ; et, dans les rapports ou les sommes de quantités convergeant vers zéro, ils ne virent plus que les limites mêmes de ces rapports ou de ces sommes, sans vouloir considérer aussi, individuellement, les termes qui les composent. Dans un pareil système, l'expression $\dfrac{\Delta f(x)}{\Delta x}$, par exemple, ne représente rien, et c'est l'expression $\lim \dfrac{\Delta f(x)}{\Delta x}$ qui seule a une signification. A plus forte raison les termes $\Delta f(x)$ et Δx, qui figurent dans le rapport, ne peuvent-ils jamais être envisagés séparément. En un mot, on a des *dérivées* et des *intégrales* (limites de rapports ou de sommes), mais on n'a pas d'accroissements infiniment petits. Un tel point de vue est incontestablement rigoureux, mais offre un inconvénient capital : celui de se prêter fort mal à la mise en équations des problèmes. C'est ce dont il est aisé de se rendre compte en examinant les procédés que nous avons déduits de la considération directe des infiniment petits. La faculté, évidemment si

commode, de remplacer à tout instant, dans le calcul, un
infiniment petit quelconque par un autre qui n'en diffère
que d'un infiniment petit d'ordre supérieur, cette faculté,
dis-je, échappe complètement[1]. On peut dire que la méthode des limites avait perdu en simplicité ce qu'elle avait
gagné en rigueur sur sa rivale.

93. — La divergence des points de vue que nous venons
de signaler était due à la démarcation profonde obsti-
nément établie entre la notion de *limite* et celle d'*infiniment petit*. Et vraiment on s'en étonne quand on voit
combien est étroite la connexion naturelle de ces deux
conceptions. Comment, en effet, concevoir une limite sans
un infiniment petit correspondant? Puisqu'une limite est
une valeur fixe dont s'approche une quantité variable,
la différence entre cette limite et la variable n'est-elle pas
une quantité décroissant indéfiniment et pouvant être
rendue aussi petite qu'on le veut, c'est-à-dire un infini-

---

[1] M. Auguste Comte, bien que placé à un point de vue très-différent du
nôtre, — puisqu'il repousse la conception des infiniment petits — n'en a
pas moins caractérisé les inconvénients dont nous parlons. « D'un autre
« côté, dit-il, elle (la notion *exclusive* des limites) est bien loin d'offrir,
« pour la solution des problèmes, d'aussi puissantes ressources que la mé-
« thode infinitésimale. Cette obligation qu'elle impose de ne considérer
« jamais les accroissements des grandeurs séparément et en eux-mêmes,
« ni seulement dans leurs rapports, mais uniquement dans les limites de
« ces rapports, ralentit considérablement la marche de l'intelligence pour
« la formation des équations auxiliaires. On peut même dire qu'elle gêne
« beaucoup les transformations purement analytiques. Aussi le calcul
« transcendant, considéré séparément de ses applications, est-il loin
« d'offrir dans cette méthode l'étendue et la généralité que lui a impri-
« mées la conception de Leibnitz. » (*Cours de Philosophie positive*,
t. 1er, p. 189.)

ment petit dans la véritable acception du mot ? Et encore, si l'on considère la limite du rapport de deux quantités variables convergeant vers zéro, comment songer à cette limite sans songer en même temps aux infiniment petits qui forment les termes du rapport? Inversement, comment avoir la notion d'un infiniment petit sans avoir celle de deux quantités dont il serait la différence, ou même sans concevoir la limite posée à cette décroissance indéfinie (limite qui est ici zéro)?

Aussi n'est-ce pas sans surprise que nous avons vu un des plus éminents penseurs de ce siècle maintenir entre les deux conceptions une barrière infranchissable, puisqu'il admet l'une comme rigoureuse et repousse l'autre comme essentiellement fausse. « Quand on considère, « dit-il, en elle-même, et sous le rapport logique, la con- « ception de Leibnitz, on ne peut s'empêcher de recon- « naître avec Lagrange qu'elle est radicalement vicieuse, « en ce que, suivant ses expressions, la notion des infini- « ment petits est une idée fausse, qu'il est impossible, en « effet, de se représenter nettement, quoiqu'on se fasse « quelquefois illusion à cet égard. L'analyse transcen- « dante, ainsi conçue, présente, à mes yeux, cette grande « imperfection philosophique, de se trouver encore essen- « tiellement fondée sur ces principes métaphysiques dont « l'esprit humain a eu tant de peine à dégager toutes ses « théories positives. Sous ce rapport, on peut dire que la « méthode infinitésimale porte vraiment l'empreinte carac- « téristique de l'époque de sa fondation et du génie propre « de son fondateur[1]. »

---

[1] Auguste Comte, *Philosophie positive.*

94. — Au fond, les motifs des répugnances manifestées contre les infiniment petits se résument dans cette pensée de Lagrange, qu'on a « le grand inconvénient de consi- « dérer les quantités dans l'état où elles cessent, pour « ainsi dire, d'être quantités; » autrement dit, les infiniment petits n'existent pas. Il me paraît qu'il y a là un malentendu. Veut-on parler des quantités *naturelles,* ou de l'objet de nos conceptions *rationnelles*? Si l'on entend que dans la nature il n'y a pas d'infiniment petits, c'est incontestable; tout ce qui existe est déterminé et par conséquent fini. Mais à ce point de vue, il n'y a pas non plus de quantité variable : une quantité, par cela seul qu'elle est, a une valeur actuelle précise. Notre esprit seul crée la notion de variable, en rapprochant les grandeurs de quantités voisines et les regardant comme des valeurs successives d'une même quantité. La notion de variable n'est pas plus légitime que celle d'infiniment petit, et il faut les admettre ou les repousser toutes les deux.

C'est en rendant aux limites et aux infiniment petits leur connexité naturelle, qu'on arrive à constituer une méthode simple et rigoureuse : simple quant à ses procédés, rigoureuse quant à ses bases.

CHAPITRE XV.

95. — On remarquera que dans cet exposé des diverses phases de l'analyse infinitésimale, nous n'avons pas parlé de la méthode de Lagrange, qui occupe pourtant une si grande place dans l'histoire des mathématiques. Cette omission est volontaire. Une semblable méthode ne pouvait, en effet, faire partie d'une exposition de l'analyse *infinitésimale* proprement dite, puisqu'elle a précisément pour objet de rejeter toute espèce d'idée de l'infini, et d'y suppléer par des considérations purement algébriques.

Ce grand géomètre, préoccupé des difficultés soulevées par l'analyse leibnitzienne, et désireux d'y mettre un terme, repoussa à la fois la notion des limites et celle des infiniment petits, comme devant rester étrangères à l'esprit

de l'analyse, laquelle, disait-il, « ne doit avoir d'autre
« métaphysique que celle qui consiste dans les premiers
« principes et dans les premières opérations du calcul. »

Il est visible néanmoins que l'idée des limites, et par suite
celle des infiniment petits, qui n'en est que la reproduction sous un autre aspect, loin d'être introduite artificiellement dans le calcul, est suggérée par la nature même des
choses, et qu'il ne nous appartient pas de la rejeter. Nous
l'avons reconnu tout à l'heure, pour les infiniment petits :
la notion en est aussi légitime que celle de variable. J'en
dirai autant des limites. On les retrouve au fond de nos
conceptions les plus essentielles. Sans elles, par exemple,
comment définir la vitesse, dont l'idée, plus ou moins
confuse, existe dans tous les esprits? Je crois impossible
de concevoir la vitesse du mouvement varié autrement
que comme limite du rapport de l'espace parcouru au
temps employé à le parcourir, à mesure que cet espace et
ce temps diminuent indéfiniment[1]. En vain a-t-on essayé

---

[1] Voici comment je me suis exprimé à cet égard dans mon *Traité de
mécanique rationnelle* (t. Ier, p. 10) : « La définition $V = \dfrac{ds}{dt}$ (ou

« lim $\dfrac{\Delta s}{\Delta t}$) n'est autre chose que la précision mathématique donnée à l'idée

« instinctive que chacun de nous se fait de la vitesse, en dehors de toute
« considération scientifique. Car si nous voulons apprécier la vitesse d'un
« objet en marche, notre premier sentiment nous porte à mesurer l'espace
« parcouru pendant un temps assez court, et à prendre le rapport de cet
« espace à ce temps pour expression de la vitesse. Nous concevons
« d'ailleurs très-bien que nous avons une connaissance d'autant plus
« exacte de cette vitesse que l'espace mesuré a une moindre longueur. En
« sorte que, finalement, si nous voulons aller au fond des choses et voir
« en quoi consiste véritablement notre notion instinctive de la vitesse,
« nous reconnaissons que c'est précisément la limite idéale du rapport $\dfrac{\Delta s}{\Delta t}$

de se passer de la notion de limite, en appelant vitesse d'un mouvement varié la vitesse du mouvement uniforme qui s'établirait, si toutes les forces motrices cessaient subitement leur action. Une telle définition a le vice radical d'impliquer la connaissance de la loi d'inertie, dont elle doit rester indépendante : les lois ne peuvent servir qu'à *calculer* les quantités et nullement à les *définir*[1].

96. — Lagrange a entièrement fondé sa méthode sur la théorie du développement des fonctions en séries.

Il commence par établir que toute fonction, algébrique ou transcendante, de la forme $f(x+h)$, peut être développée en une série ordonnée suivant les puissances positives, entières et ascendantes de h, et qu'on a dans tous les cas :

$$f(x+h) = f(x) + \varphi(x)\,h + \psi(x)\,\frac{h^2}{1.2} + \chi(x)\,\frac{h^3}{1.2.3} + \ldots ;$$

cette série étant terminée ou non, selon la nature de la fonction $f(x+h)$.

Quant aux fonctions $\varphi(x)$, $\psi(x)$, $\chi(x)$,…. qui servent de multiplicateurs aux puissances de h, et qui en sont indépendants, Lagrange démontre qu'elles se rattachent les unes aux autres par une loi constante, c'est-à-dire que $\psi(x)$ dérive de $\varphi(x)$ comme $\varphi(x)$ de $f(x)$, et $\chi(x)$ dérive de $\psi(x)$ comme $\psi(x)$ de $\varphi(x)$; et ainsi de suite. De telle

« dont nos observations matérielles cherchent à se rapprocher de plus en
« plus. »

[1] Il faut étudier cette méthode dans les ouvrages mêmes de Lagrange : *Théorie des fonctions analytiques* et *Calcul des fonctions*.

sorte que si l'on sait dériver de la fonction donnée la première fonction $\varphi(x)$, on saura dériver successivement toutes les autres. Cette loi de dérivation est précisément celle qu'on établit d'après d'autres considérations dans le calcul différentiel. Lagrange obtient ainsi pour l'expression de $\varphi(x)$ la même fonction trouvée précédemment pour représenter la limite du rapport des accroissements des deux variables, ou ce qu'on a nommé la *fonction dérivée*. Le développement ci-dessus prend la forme connue :

$$f(x + h) = f(x) + f'(x)\,h + f''(x)\,\frac{h^2}{1.2} + f'''(x)\,\frac{h^3}{1.2.3} + \dots$$

Cette série n'est autre que celle de Taylor, et se trouve ainsi établie par des considérations directes et indépendamment de toute notion de limite et d'infiniment petit. Les dérivées dont on y fait usage ont un caractère purement algébrique, ce qui remplit le but que l'auteur s'était proposé.

97. — Reste à voir maintenant comment cette nouvelle conception des fonctions dérivées peut s'adapter à la solution des divers problèmes.

C'est ici la partie vraiment faible de la méthode, et qui présente d'insurmontables difficultés à son application [1].

---

[1] Il y aurait aussi bien des choses à dire sur la démonstration elle-même de la série de Taylor, telle que la donne Lagrange. Cette démonstration est loin d'être inattaquable. M. Cournot a présenté, à ce sujet, d'excellentes réflexions dans son *Traité élémentaire de la théorie des fonctions ;* je citerai notamment le passage suivant : (tome Ier, p. 178). « Le développement en série n'a de sens que lorsqu'il mène à une série convergente,

Car, étant écartées les notions de limite et d'infiniment petit, il faut, de toute nécessité, ramener chaque question à une forme telle qu'on soit conduit à considérer le développement qu'affecte une fonction quand la variable reçoit un accroissement fini quelconque. On pressent combien doit être gênante une pareille sujétion ; car s'il est des questions où le développement de la fonction se présente naturellement (comme dans la théorie des contacts de divers ordres) il en est d'autres, en plus grand nombre, où ce point de vue ne peut être introduit qu'artificiellement et en altérant la vérité des choses. Pour faire comprendre notre pensée, nous nous bornerons à citer un des exemples où la difficulté passe pour avoir été le plus heureusement résolue : celui de la détermination de la vitesse et de la force accélératrice dans le mouvement varié.

98. — Après avoir pris pour définition de la vitesse,

« ou mieux encore lorsqu'il est démontré que le reste de la série tend
« sans cesse vers la limite zéro quand le nombre des termes croît indéfi-
« niment. Toute induction tirée d'un développement en série non con-
« vergente manque de solidité, et peut conduire, comme des exemples
« le font voir, à des résultats fautifs. La méthode de Lagrange n'a donc
« point l'avantage d'éliminer la notion des limites ou toute autre équiva-
« lente. La nature des choses et les lois de l'entendement exigent ici
« l'emploi de l'une de ces notions auxiliaires dont le simple développe-
« ment par l'algèbre du principe d'identité ne peut tenir la place.

« . . . .

« . . . . . Le développement en série n'est qu'un artifice de calcul et
« ne peut convenablement servir à établir des lois et des rapports dont
« l'existence est indépendante de nos procédés artificiels. » Judicieuses
réflexions, qui rendent à la conception des dérivées son véritable caractère,
et qui font ressortir le singulier paralogisme dans lequel est tombé un si
grand esprit.

dans le mouvement uniforme, le rapport constant de l'espace parcouru au temps, Lagrange s'occupe du mouvement rectiligne varié et s'exprime de la manière suivante[1] :

« Considérons maintenant un mouvement rectiligne
« quelconque représenté par l'équation $x = f(t)$, $f(t)$ étant
« une fonction quelconque de t. Au bout du temps t, le
« mobile aura parcouru l'espace $f(t)$; et au bout du temps
« $t + \theta$, il aura parcouru l'espace $f(t + \theta)$: par conséquent
« la différence $f(t + \theta) - f(t)$ sera l'espace parcouru pen-
« dant le temps θ, qui a commencé à l'instant où le temps
« t a fini. La fonction $f(t + \theta)$, étant développée suivant
« les puissances de θ, devient :

$$f(t) + \theta f'(t) + \frac{\theta^2}{1 \cdot 2} f''(t) + \ldots,$$

« comme on l'a vu dans la première partie : donc l'es-
« pace parcouru durant le temps θ sera représenté par
« la formule

$$\theta f'(t) + \frac{\theta^2}{1 \cdot 2} f''(t) + \frac{\theta^3}{1 \cdot 2 \cdot 3} f'''(t) + \ldots,$$

« dans laquelle le temps t écoulé avant le temps θ est main-
« tenant regardé comme une constante. Ainsi le mouvement
« par lequel cet espace est parcouru sera composé de diffé-
« rents mouvements partiels, dont les espaces répondant
« au temps θ, seront $\theta f'(t)$, $\frac{\theta^2}{1 \cdot 2} f''(t)$, $\frac{\theta^3}{1 \cdot 2 \cdot 3} f'''(t)$, etc.; et
« l'on voit que le premier de ces mouvements partiels,

---

[1] *Théorie des fonctions analytiques*, p. 319 et suivantes.

« sera uniforme avec une vitesse mesurée par $f'(t)$, et
« que le second sera uniformément accéléré et dû à une
« force accélératrice proportionnelle à $\frac{1}{2} f''(t)$. A l'égard
« des autres, comme ils ne se rapportent à aucun mou-
« vement simple connu, il ne sera pas nécessaire de les
« considérer en particulier, et nous allons faire voir que
« l'on peut en faire abstraction dans la détermination du
« mouvement au commencement du temps θ.

« . . . .

« On peut conclure de là que tout mouvement rectiligne,
« représenté par l'équation $x = f(t)$, peut, dans un ins-
« tant quelconque au bout du temps t, être regardé
« comme composé d'un mouvement uniforme dû à une
« vitesse imprimée au mobile, mesurée par $f'(t)$, et d'un
« mouvement uniformément accéléré dû à une force accé-
« lératrice agissant sur le mobile et proportionnelle à
« $\frac{1}{2} f''(t)$, ou simplement à $f''(t)$; que, par conséquent, si
« les causes qui empêchent le mouvement proposé d'être
« uniforme venaient à cesser tout à coup, le mouvement se
« continuerait dès cet instant d'une manière uniforme
« avec une vitesse mesurée par $f'(t)$; et que si l'effet de ces
« causes, au lieu de devenir nul, devenait constant, le
« mouvement deviendrait composé du mouvement uni-
« forme dont nous venons de parler, et d'un mouvement
« uniformément accéléré, commençant au même instant,
« en vertu d'une force accélératrice constante et propor-
« tionnelle à $f''(t)$.

« . . . .

« Donc, en général, dans tout mouvement rectiligne
« dans lequel l'espace parcouru est une fonction donnée
« du temps écoulé, la fonction prime (dérivée première)

« de cette fonction représentera la vitesse, et la fonction
« seconde représentera la force accélératrice dans un ins-
« tant quelconque. . . . . D'où l'on voit que
« les fonctions.primes et secondes se présentent naturel-
« lement dans la mécanique, où elles ont une valeur et
» une signification déterminées. . . . .

99. — Voilà donc des notions naturelles qui pour être
convenablement précisées nécessitent la connaissance préalable du développement des fonctions en série : comme si
l'idée de la vitesse et celle de la force n'étaient pas, dans
notre esprit, antérieures à l'étude de l'algèbre ! Que cette
science soit indispensable pour *calculer* les valeurs de la
vitesse et de la force accélératrice d'un mouvement donné,
cela se conçoit : mais qu'elle serve à les *définir*, c'est ce
qui nous semble un renversement de la logique.

En vain, pour relever les avantages de sa méthode, l'illustre auteur dira-t-il plus loin : « Ces notions de la vitesse
« et de la force accélératrice sont, comme on le voit, très-
« simples, et indépendantes de toute métaphysique. Elles
« sont fondées sur la nature du mouvement regardé
« comme le transport d'un corps d'un lieu à un autre. »
On est en droit de répondre que si, dans une semblable méthode, les notions semblent, à la vérité, indépendantes de
toute métaphysique, elles ne le sont pas, en revanche, de
toute physique, car elles impliquent la vérification expéri-
mentale des lois essentielles du mouvement. S'il n'était pas
reconnu, par exemple, que la cessation des forces motrices laisse subsister intégralement la vitesse actuelle du
mobile, on ne pourrait plus dire que, ces forces venant
à disparaître, le mouvement se continuera d'une manière

17.

uniforme, avec une vitesse mesurée par $f'(t)$. La définition serait donc en défaut. Or, si la loi d'inertie était différente de ce qu'elle est réellement, en quoi cette circonstance influerait-elle sur l'idée naturelle que nous nous formons de la vitesse d'un objet en marche[1]? De même, si la loi d'indépendance des mouvements était autre que l'expérience ne nous l'a révélée, le mouvement produit par une force constante ne serait plus uniformément accéléré. La force accélératrice du mouvement varié ne serait donc pas représentée par la dérivée seconde de l'espace parcouru. Nous n'en aurions pas moins la notion de la valeur déterminée d'un effort variable, à un moment donné.

Qu'on songe combien de semblables détours paraîtraient pénibles, s'ils n'étaient pas dissimulés par les habiletés d'analyse du premier géomètre du siècle !

Ce n'est pas tout encore. Non-seulement il faut, en bien des cas, contraindre les notions naturelles pour approprier les questions au calcul, — car ce n'est plus le calcul qui est approprié aux questions, — mais, lorsque le problème se complique, l'instrument même cesse d'être maniable. Rien de plus significatif à cet égard que l'exemple offert par son propre inventeur. Lagrange lui-même, malgré sa prodigieuse facilité, n'a pu conserver sa méthode, et a suivi exclusivement celle de Leibnitz dans le système entier de sa *Mécanique analytique*.

100. — Cela nous prouve que les artifices mis en œuvre par les plus grands esprits ne suffisent point pour suppléer

---

[1] Voir pour plus amples développements mon *Traité de mécanique rationnelle*, t. 1ᵉʳ, p. 43.

les conceptions fournies par la nature même des choses. Les notions de limite et d'infiniment petit sont en rapport direct avec les phénomènes, et correspondent à des objets dont la considération se présente d'elle-même à l'esprit. Il faut donc les accepter franchement, et ne pas les rejeter sous le prétexte qu'elles n'interviennent pas dans l'analyse ordinaire. Chaque branche de la science est caractérisée par les conceptions spéciales qui lui servent de bases, et l'on ne doit pas s'étonner que l'analyse infinitésimale ait les siennes propres. C'est en se plaçant à un semblable point de vue que les théories peuvent être édifiées avec rigueur et sans contraindre les penchants de l'esprit. Sous ce rapport, l'effort tenté vainement par l'immortel Lagrange nous paraît offrir un précieux enseignement.

FIN.